配电安全一本通

PEIDIAN ANQUAN YIBENTONG

刘宏新　主编

中国电力出版社
CHINA ELECTRIC POWER PRESS

内 容 提 要

本书采用问答的形式，紧贴基层现场工作，从配电基础知识、运行维护、检修作业、带电作业、起重运输和高处作业、分布式电源的常见问题入手，分别对配电现场的安全注意事项、规范标准进行了阐述，以消除基层安全工作的薄弱环节。

通过本书的学习，配电现场作业各工种、各岗位的员工即可保证从事配电现场作业时保障安全，杜绝安全事故的发生。

图书在版编目（CIP）数据

配电安全一本通 / 刘宏新主编. —北京：中国电力出版社，2017.12（2020.5重印）
ISBN 978-7-5198-1465-6

Ⅰ. ①配… Ⅱ. ①刘… Ⅲ. ①配电系统–安全技术–问题解答 Ⅳ. ①TM727–44

中国版本图书馆 CIP 数据核字（2017）第 291660 号

出版发行：中国电力出版社
地　　址：北京市东城区北京站西街 19 号（邮政编码 100005）
网　　址：http://www.cepp.sgcc.com.cn
责任编辑：丁　钊（zhao-ding@sgcc.com.cn）
责任校对：李　楠
装帧设计：张俊霞　赵姗姗
责任印制：杨晓东

印　　刷：北京天宇星印刷厂
版　　次：2017 年 12 月第一版
印　　次：2020 年 5 月北京第三次印刷
开　　本：880 毫米×1230 毫米　32 开本
印　　张：2.75
字　　数：71 千字
印　　数：4501—6500 册
定　　价：18.00 元

编 写 组

组　　长　弓建新

副 组 长　杨　雄

成　　员　楼　佳　徐晓玲　赵　亮

张　翼　申卫华　李文亮

李化欣　麻惠宇

前 言

每一个安全事故的教训都是惨痛的；每一个安全事故的发生都有其必然性和偶然性；每一个安全事故轻则造成经济损失，重则危及生命。本书旨在提高电力企业员工的安全意识和安全技能，规范安全管理行为，推动安全管理水平的提升，对电力基层员工进行安全科普教育。

本书采用问答形式，选取电力生产中常见的和容易发生事故的安全问题进行分析，对配电现场的安全注意事项进行了阐述，紧贴基层工作，以消除基层安全工作的薄弱环节，使广大电力企业员工了解生产的基本知识，达到安全生产的目的。内容简捷、实用，力求成为配电作业人员最为实用的工具书。可用于现场工作资料查询，也可作为培训资料。

本书从配电基础知识、运行维护、检修作业、带电作业、起重运输和高处作业、分布式电源的常见易发问题入手，分别对安全管理中注意事项、规范标准等进行了阐述。

本书编委会和编写组由国网山西省电力公司具有丰富管理知识和实践经验的人员组成。本书共六章，第一章由杨雄编写，第二章由张翼编写，第三章由楼佳编写，第四章由赵亮编写，第五章、第六章由徐晓玲编写。

由于编者水平有限，书中难免有错误或缺陷，希望各位读者予以批评指正，欢迎查阅此书的读者提出宝贵意见和建议。

编 者

2017 年 12 月

目　录

第一章 配电基础知识

1. 配电设备主要包括什么?

答:配电设备主要包括 20kV 及以下配电网中的配电站、开关站、箱式变电站、柱上变压器(见图 1–1)、柱上开关(包括柱上断路器、柱上负荷开关)、环网单元、电缆分支箱、低压配电箱、电能表计量箱、充电桩等。

图 1–1 柱上变压器

2. 配电线路包括什么?

答:配电线路包括 20kV 及以下配电网中的架空线路(见图 1–2)、电缆线路(见图 1–3)及其附属设备等。

图 1–2 架空线路

图 1–3　电缆线路

3. 绝缘安全工器具是怎样分类的?

答：绝缘安全工器具分为基本和辅助两种绝缘安全工器具。

（1）基本绝缘安全工器具是能直接操作带电设备、接触或可能接触带电体的工器具，如电容型验电器、绝缘杆（见图 1–4）、绝缘罩、携带型短路接地线、个人保安接地线等。

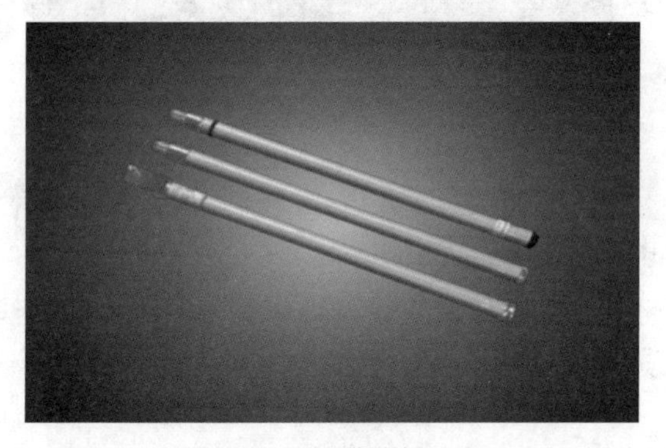

图 1–4　绝缘杆

（2）辅助绝缘安全工器具是指绝缘强度不是承受设备或线路的工作电压，只是用于加强基本绝缘安全工器具的保安作用，防止接触电压、跨步电压、泄漏电流电弧对操作人员的伤害，如绝缘手套、绝缘靴（鞋）、绝缘胶垫等。不得用辅助绝缘安全工器具直接接触高压设备带电部分。

4. 携带型短路接地线有哪些使用注意事项？

答：（1）携带型短路接地线（见图 1–5）是用于防止设备、线路突然来电，消除感应电压，放尽剩余电荷的临时接地装置。

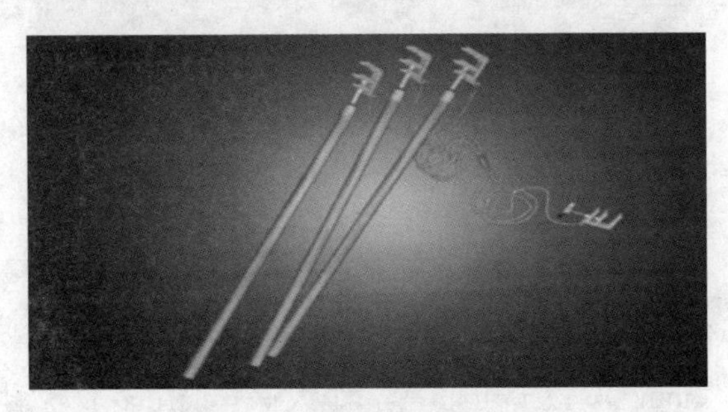

图 1–5　携带型短路接地线

（2）携带型短路接地线标识应清晰完整，包括厂家名称、产品型号、接地线横截面积（mm^2）、生产年份及双三角符号等。接地线的多股软铜线截面不小于 $25mm^2$。接地线线夹完整、无损坏，与操作杆连接牢固，有防止松动、滑动和转动的措施，安装后有自锁功能。线夹与电力设备及接地体的接触面无毛刺，紧固力应不致损坏设备导线或固定接地点。

（3）携带型短路接地线的截面应满足装设地点短路电流的要求，长度满足工作现场需要。经验明确无电压后，立即装设接地线并三相短路（直流线路两极接地线分别直接接地），利用铁塔接地或与杆塔接地装置电气上直接相连的横担接地时，允许每相分别接地，对于无接地引下线的杆塔，可采用临时接地体。

（4）装设接地线时，先接接地端，后接导线端，接地线接触良好、连接可靠，拆接地线的顺序与此相反，人体不准碰触未接地的导线。装、拆接地线使用的绝缘棒（或专用绝缘绳）满足安全长度要求，不使用其他导线作接地线或短路线，不用缠绕的方法进行接地或短路。

5. 个人保安线有哪些使用注意事项？

答：（1）个人保安线（见图 1–6）用于防止感应电压危害的个

人用接地装置。

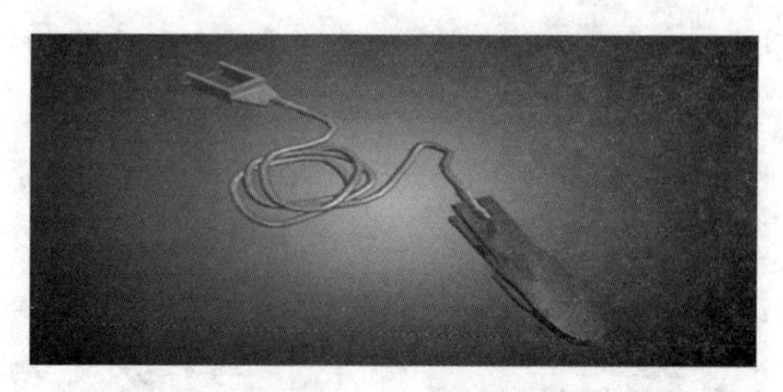

图 1–6　个人保安线

（2）个人保安线标识应清晰完整，包括厂家名称、产品型号、横截面积（mm^2）、生产年份等。个人保安线用多股软铜线，其截面不得小于 $16mm^2$，绝缘护套材料应柔韧透明，护层厚度大于 1mm。护套应无孔洞、撞伤、擦伤、裂缝、龟裂等现象，导线无裸露、无松股、中间无接头、断股和发黑腐蚀。汇流夹由 T3 或 T2 铜制成，压接后应无裂纹，与个人保安线连接牢固。

（3）个人保安线采用线鼻与线夹相连接，线鼻与线夹连接牢固，接触良好，无松动、腐蚀及灼伤痕迹。线夹完整、无损坏，线夹与电力设备及接地体的接触面无毛刺。

（4）个人保安线仅作为预防感应电使用，不能以此代替接地线。工作地段如有邻近、平行、交叉跨越及同杆塔架设线路，为防止停电检修线路上感应电压伤人，在需要接触或接近导线工作时，只有在工作接地线挂好后，方可在工作相上挂个人保安线。

（5）个人保安线在杆塔上接触或接近导线的作业开始前挂接，作业结束脱离导线后拆除，装设时，先接接地端，后接导线端，且接触良好、连接可靠，拆除顺序与此相反，个人保安线由作业人员负责自行装、拆。

6. 安全帽有哪些使用注意事项？

答：（1）安全帽（见图 1–7）是对人头部受坠落物及其他特定因素引起的伤害起防护作用的防护用品，由帽壳、帽衬、下颏带及附件等组成。

（2）安全帽的永久标识和产品说明等标识应清晰完整，安全帽的帽壳、帽衬（帽箍、吸汗带、缓冲垫及衬带）、帽箍扣、下颏带等组件完好无缺失。帽壳内外表面应平整光滑，无划痕、裂缝和孔洞，无灼伤、冲击痕迹。帽衬与帽壳连接牢固，后箍、锁紧卡等开闭调节灵活，卡位牢固。

图 1–7　安全帽

（3）安全帽使用期从产品制造完成之日起计算：植物枝条编织帽不超过两年，塑料和纸胶帽不超过两年半，玻璃钢（维纶钢）橡胶帽不超过三年半。超期的安全帽应经抽查检验合格后方可使用，以后每年抽检一次，每批从最严酷使用场合中抽取，每项试验试样不少于两顶，有一项不合格，则该批安全帽报废。

（4）任何人员进入生产、施工现场应正确佩戴安全帽。针对不同的生产场所，根据安全帽产品说明选择适用的安全帽。安全帽戴好后，将帽箍扣调整到合适的位置，锁紧下颏带，防止工作中前倾后仰或其他原因造成滑落。

（5）受过一次强冲击或做过试验的安全帽不能继续使用，予以报废。高压近电报警安全帽使用前检查其音响部分是否良好，但不作为无电的依据。

7. 防护眼镜有哪些使用注意事项？

答：（1）防护眼镜（见图 1–8）是在进行检修工作、维护电气设备时，保护工作人员不受电弧灼伤以及防止异物落入眼内的防护用具。

（2）防护眼镜的标识清晰完整，并位于透镜表面不影响使用功能处。防护眼镜表面光滑，无气泡、杂质，以免影响工作人员的视线。镜架平滑，不可造成擦伤或有压迫感，同时镜片与镜架衔接要牢固。

（3）防护眼镜应根据工作性质、场合选择。如在装卸高压熔断器或进行气焊时，戴防辐射防护眼镜；在室外阳光曝晒的地方工作时，戴变色镜（防辐射线防护眼镜的一种）；在进行车、铣、刨及用砂轮磨工件时，戴防打击防护眼镜等；在向蓄电池内注入电解液时，戴防有害液体防护眼镜或戴防毒气封闭式无色防护眼镜。

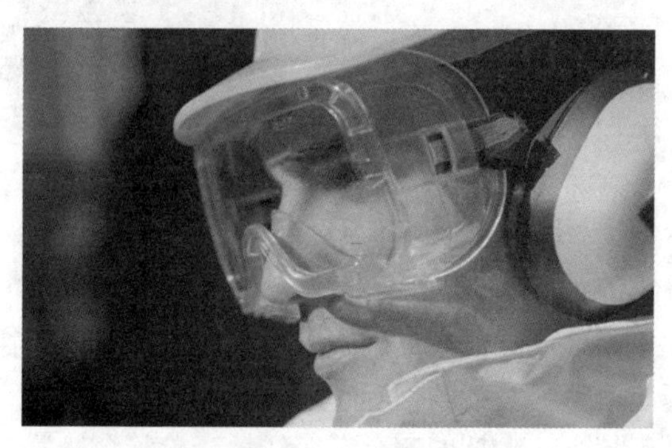

图 1–8　防护眼镜

（4）防护眼镜的宽窄和大小要恰好适合使用者的要求，如果大小不合适，防护眼镜滑落到鼻尖上，结果就起不到防护作用。戴好防护眼镜后收紧防护眼镜镜腿（带），避免造成滑落，透明防护眼镜佩戴前应用干净的布擦拭镜片，以保证足够的透光度。防护眼镜按出厂时标明的遮光编号或使用说明书使用。

8. 速差自控器有哪些使用注意事项？

答：（1）速差自控器（见图 1–9）是一种安装在挂点上、装有一种可收缩长度的绳（带、钢丝绳）、串联在安全带系带和挂点之间、在坠落发生时因速度变化引发制动作用的装置。

图 1–9　速差自控器

（2）速差自控器标识清晰完整，包括产品名称及标记、标准号、制造厂名、生产日期（年、月）及有效期、法律法规要求标注的其他内容等。

（3）速差自控器的各部件完整无缺失，无伤残破损，外观平滑，无材料和制造缺陷，无毛刺和锋利边缘。钢丝绳速差器的钢丝均匀绞合紧密，不应有叠痕、突起、折断、压伤、锈蚀及错乱交叉的钢丝；织带速差器的织带表面、边缘、软环处无擦破、切口或灼烧等损伤，缝合部位无崩裂现象。

（4）速差自控器的安全识别保险装置及坠落指示器未动作。用手将速差自控器的安全绳（带）进行快速拉出，速差自控器能有效制动并完全回收，使用时认真查看速差自控器防护范围及悬挂要求。

（5）速差自控器系在牢固的物体上，不得系挂在移动或不牢固的物件上，不得系在棱角锋利处。速差自控器拴挂时严禁低挂高用，应连接在人体前胸或后背的安全带挂点上，移动时缓慢，不得跳跃，不得将速差自控器锁止后悬挂在安全绳（带）上作业。

9. SF_6防护服有哪些使用注意事项？

答：（1）SF_6防护服（见图 1–10）是为保护从事 SF_6 电气设备安装、调试、运行维护、试验、检修人员在现场工作的人身安全，避免作业人员遭受氢氟酸、二氧化硫、低氟化物等有毒有害物质的伤害。SF_6 防护服包括连体防护服、SF_6 专用防毒面具、SF_6 专用滤毒罐、工作手套和工作鞋等。

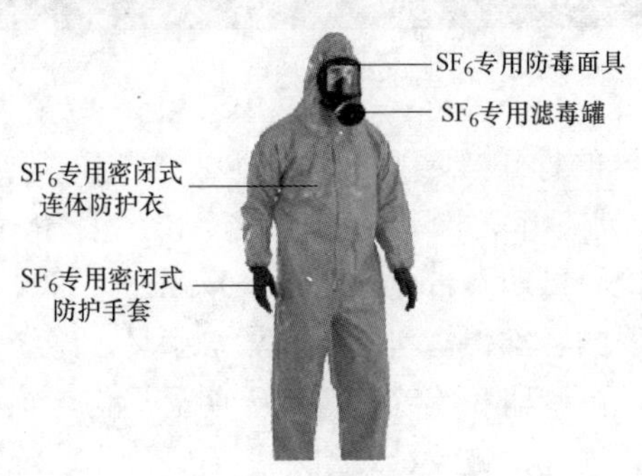

图 1–10　SF_6 防护服

（2）SF_6 防护服的标识清晰完整，包括制造厂名、型号名称、制造年月等。整套服装（包括连体防护服、SF_6 专用防毒面具、SF_6 专用滤毒缸、工作手套和工作鞋）内、外表面均完好无损，不存在破坏其均匀性、损坏表面光滑轮廓的缺陷，如明显孔洞、裂缝等，防毒面具的呼、吸气活门片能自由活动。

（3）SF_6 防护服气密性良好，使用 SF_6 防护服的人员进行体格检查，尤其是心脏和肺功能检查，功能不正常者不得使用。工作人员佩戴 SF_6 防毒面具进行工作时，有专人在现场监护，以防出现意外事故。

（4）SF_6 防毒面具在空气含氧量不低于 18%、环境温度为–30～+45℃、有毒气体积浓度不高于 0.5%的环境中使用。

10. 验电器有哪些使用注意事项?

答：（1）验电器（见图 1–11）是通过检测流过验电器对地杂散电容中的电流来指示电压是否存在的装置。

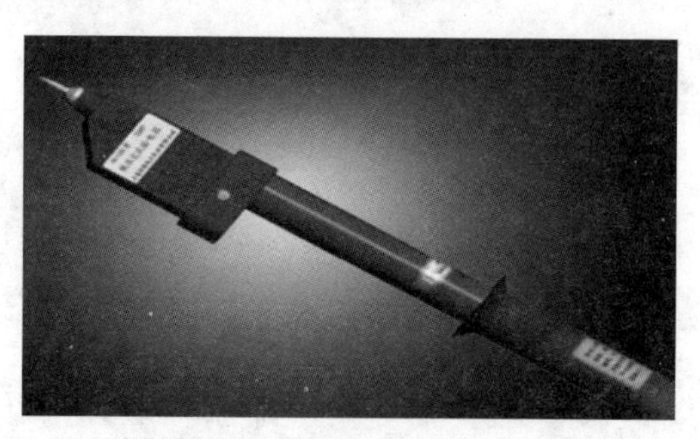

图 1–11　验电器

（2）验电器的标识应清晰完整，包括额定电压或额定电压范围、额定频率（或频率范围）、生产厂名、出厂编号、生产年份、适用气候类型、检验日期及带电作业用（双三角）符号等。

（3）验电器的各部件，包括手柄、护手环、绝缘元件、限度标记和接触电极、指示器和绝缘杆等均无明显损伤。绝缘杆清洁、光滑，绝缘部分无气泡、皱纹、裂纹、划痕、硬伤、绝缘层脱落、严重的机械或电灼伤痕。伸缩型绝缘杆各节配合合理，拉伸后不得自动回缩，手柄与绝缘杆、绝缘杆与指示器的连接紧密牢固。

（4）验电器的规格应符合被操作设备的电压等级，使用验电器时，轻拿轻放，自检三次，指示器均有声光信号出现。操作前，验电器杆表面用清洁的干布擦拭干净，使表面干燥、清洁，并在有电设备上进行试验，确认验电器良好。无法在有电设备上进行试验时可用高压发生器等确证验电器良好，如在木杆、木梯或木架上验电，不接地不能指示者，经运行值班负责人或工作负责人同意后，可在验电器绝缘杆尾部接上接地线。

（5）操作验电器时，戴绝缘手套，穿绝缘靴。使用抽拉式验电器时，绝缘杆完全拉开，人体与带电设备保持足够的安全距离，操作者的手握部位不得越过护环，以保持有效的绝缘长度。非雨雪型电容型验电器不得在雷、雨、雪等恶劣天气时使用。

11. 绝缘杆有哪些使用注意事项?

答：（1）绝缘杆（见图1–12）是由绝缘材料制成，用于短时间对带电设备进行操作或测量的杆类绝缘工具，包括绝缘操作杆、测高杆、绝缘支拉吊线杆等。

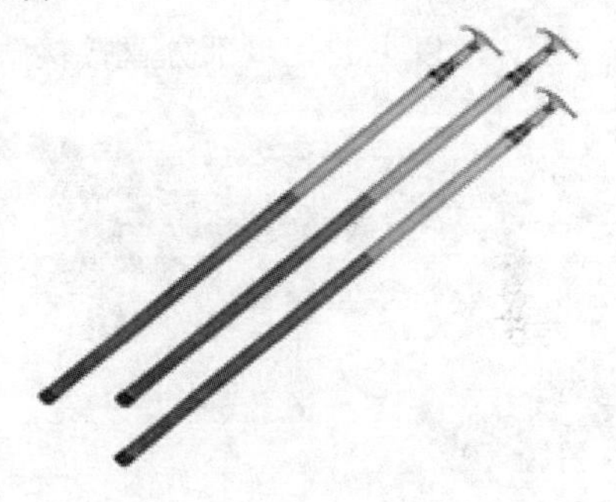

图1–12　绝缘杆

（2）绝缘杆的标识应清晰完整，包括型号规格、制造厂名、制造日期、电压等级及带电作业用（双三角）符号等。绝缘杆的接头不管是固定式的还是拆卸式的，连接都紧密牢固，无松动、锈蚀和断裂等现象。绝缘杆光滑，绝缘部分无气泡、皱纹、裂纹、绝缘层脱落、严重的机械或电灼伤痕，玻璃纤维布与树脂间黏接完好不得开胶。握手的手持部分护套与操作杆连接紧密、无破损，不产生相对滑动或转动。

（3）绝缘操作杆的规格必须符合被操作设备的电压等级。操作前，绝缘操作杆表面用清洁的干布擦拭干净，使表面干燥、清洁。操作时，人体与带电设备保持足够的安全距离，操作者的手握部位不得越过护环，以保持有效的绝缘长度，并注意防止绝缘操作杆被人体或设备短接。

（4）为防止因受潮而产生较大的泄漏电流，危及操作人员的安全，在使用绝缘操作杆拉合隔离开关或经传动机构拉合隔离开关和断路器时，均戴绝缘手套。雨天在户外操作电气设备时，绝缘操作杆的绝缘部分有防雨罩，罩的上口应与绝缘部分紧密结合，无渗漏现象，以便阻断流下的雨水，使其不致形成连续的水流柱而大大降低湿闪电压。另外雨天使用绝缘杆操作室外高压设备时，还需穿绝缘靴。

12. 绝缘隔板有哪些使用注意事项？

答：（1）绝缘隔板（见图 1–13）是由绝缘材料制成，用于隔离带电部件、限制工作人员活动范围、防止接近高压带电部分的绝缘平板。绝缘隔板又称绝缘挡板，一般具有很高的绝缘性能，它可与 35kV 及以下的带电部分直接接触，起临时遮栏作用。

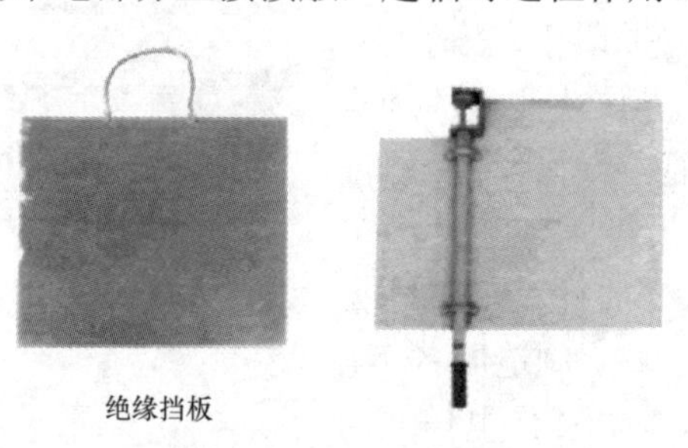

图 1–13　绝缘隔板

（2）绝缘隔板的标识清晰完整。隔板无老化、裂纹或孔隙。绝缘隔板一般用环氧玻璃丝板制成，用于 10kV 电压等级的绝缘隔板厚度不小于 3mm，用于 35kV 电压等级的绝缘隔板厚度不小于 4mm。

（3）装拆绝缘隔板时与带电部分保持一定距离（符合安全规程的要求），或使用绝缘工具进行装拆。使用绝缘隔板前，先擦净绝缘隔板的表面，保持表面洁净。现场放置绝缘隔板时，戴绝缘手套，如在隔离开关动、静触头之间放置绝缘隔板时，使用绝缘棒。

（4）绝缘隔板在放置和使用中要防止脱落，必要时可用绝缘绳索将其固定并保证牢靠。绝缘隔板使用尼龙等绝缘挂线悬挂，不能使用胶质线，以免在使用中造成接地或短路。

13. 脚扣有哪些使用注意事项?

答：（1）脚扣（见图 1–14）是用钢或合金材料制作的攀登电杆工具。

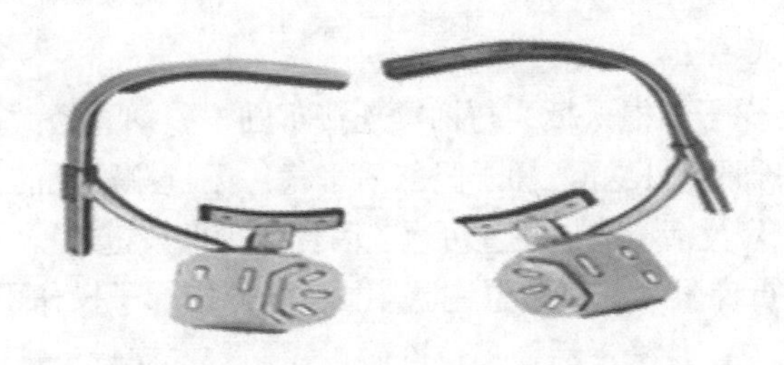

图 1–14　脚扣

（2）脚扣标识清晰完整，金属母材及焊缝无任何裂纹和目测可见的变形，表面光洁，边缘呈圆弧形。围杆钩在扣体内滑动灵活、可靠、无卡阻现象，保险装置可靠，防止围杆钩在扣体内脱落。

（3）脚扣小爪连接牢固，活动灵活。橡胶防滑块与小爪钢板、围杆钩连接牢固、覆盖完整、无破损。脚带完好，止脱扣良好，无霉变、裂缝或严重变形。

（4）登杆前，在杆根处进行一次冲击试验，无异常方可继续使用。将脚扣、脚带系牢，登杆过程中根据杆径粗细随时调整脚扣尺寸，特殊天气使用脚扣时，采取防滑措施，不得从高处往下扔摔脚扣。

14. 梯子有哪些使用注意事项?

答：（1）梯子（见图 1–15）是包含有踏挡或踏板，可供人上下的装置，一般分为竹（木）梯、铝合金及复合材料梯。

（2）梯子的标识清晰完整，包括型号、额定载荷、梯子长度、最高站立平面高度、制造者（或标识）、制造年月、执行标准及基本危险警示标志（复合材料梯的电压等级）等。

图 1–15　梯子

（3）梯子踏棍（板）与梯梁连接牢固，整梯无松散，各部件无变形，梯脚防滑良好，梯子竖立后平稳，无目测可见的侧向倾斜。升降梯升降灵活，锁紧装置可靠。铝合金折梯铰链牢固，开闭灵活，无松动。折梯限制开度装置完整牢固。延伸式梯子操作用绳无断股、打结等现象，升降灵活，锁位准确可靠。竹木梯无虫蛀、腐蚀等现象。木梯梯梁的窄面不得有节子，宽面上允许有实心的或不透的、直径小于 13mm 的节子，节子外缘距梯梁边缘大于 13mm，两相邻节子外缘距离不小于 0.9m。踏板窄面上不得有节，踏板宽面上节子的直径不大于 6mm，踏棍上不得有直径大于 3mm 的节子。干燥细裂纹长不大于 150mm，深不大于 10mm。梯梁和踏棍（板）连接的受剪切面及其附近不得有裂缝，其他部位的裂缝长不大于 50mm。

（4）梯子能够承受作业人员及所携带的工具、材料攀登时的总质量。梯子不得接长或垫高使用，如需接长时，用铁卡子或绳索切实卡住或绑牢并加设支撑。梯子放置稳固，梯脚要有防滑装置，使用前，先进行试登，确认可靠后方可使用。有人员在梯子上工作时，梯子有人扶持和监护，梯子与地面的夹角应为 60° 左右，工作人员必须在距梯顶 1m 以下的梯蹬上工作。

（5）人字梯需具有坚固的铰链和限制开度的拉链。靠在管子上、导线上使用梯子时，其上端需用挂钩挂住或用绳索绑牢。在通道上使用梯子时，设监护人或设置临时围栏。梯子不准放在门前使用，必要时采取防止门突然开启的措施。人不得在梯子上时移动梯子，不得上下抛递工具、材料。在变电站高压设备区或高压室内使用绝缘材料的梯子，不得使用金属梯子，搬动梯时，放倒两人搬运，并与带电部分保持安全距离。

15. 安全工器具试验有哪些注意事项？

答：（1）安全工器具需通过国家、行业标准规定的型式试验，以及出厂试验和预防性试验，进口产品的试验不低于国内同类产品标准。

（2）需进行预防性试验的安全工器具有：规程要求进行试验的安全工器具，新购置和自制安全工器具使用前，检修后或关键零部件经过更换的安全工器具，对其机械、绝缘性能发生疑问或发现缺陷的安全工器具，发现质量问题的同批次安全工器具。

（3）安全工器具经预防性试验合格后，由检验机构在合格的安全工器具上（不妨碍绝缘性能、使用性能且醒目的部位）牢固粘贴“合格证”标签（见图 1–16），并出具检测报告。

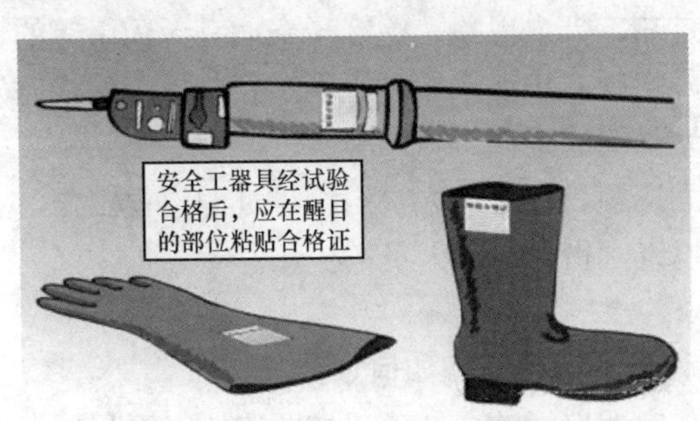

图 1–16　安全工器具试验合格证

第二章 运行维护

1. 配电设备的巡视主要有哪几种？

答：（1）定期巡视。为掌握配电网设备和设施的运行状况、运行环境变化，及时发现缺陷和威胁配电网安全运行的情况等，定期由配电网运维人员开展的巡视。

（2）特殊巡视。在恶劣气象（如大风、暴雨、覆冰、高温等）、重要保电任务、设备带缺陷运行或有外力破坏风险等特殊情况下，对设备进行的全部或部分巡视。

（3）夜间巡视。在负荷高峰或雾天夜间开展的巡视，主要检查连接点有无过热、打火现象，绝缘子表面有无闪络等的巡视。

（4）故障巡视。由运维单位组织进行，以查明线路发生故障的地点和原因为目的的巡视。

（5）监察巡视。由管理人员组织进行的巡视工作，了解线路及设备状况，检查、指导巡视人员的工作。

2. 配电设备的巡视周期如何划分？

答：（1）定期巡视的周期建议按照表 2–1 开展。根据设备状态评价结果，可动态调整巡视周期，最长不宜超过两个周期，架空线路通道与电缆线路通道的定期巡视周期不宜延长。

表 2–1 定期巡视的周期

序号	巡视对象	周　期
1	架空线路通道	市区：一个月　郊区及农村：一个季度
2	电缆线路通道	一个月
3	架空线路、柱上开关设备、柱上变压器、柱上电容器	市区：一个月　郊区及农村：一个季度

续表

序号	巡视对象	周　期
4	电力电缆线路	一个季度
5	开闭所、环网单元	一个季度
6	配电站、箱式变电站	一个季度
7	防雷与接地装置	与主设备相同
8	配电终端、直流电源	与主设备相同

（2）重负荷和三级污秽及以上地区线路每年至少应进行一次夜间巡视。重要线路和故障多发线路每年至少应进行一次监察巡视。

3. 配电设备巡视有哪些安全注意事项？

答：（1）巡视工作由有配电工作经验的人员担任。电缆隧道、偏僻山区、夜间、事故或恶劣天气等巡视工作，应至少两人一组进行。

（2）正常巡视穿绝缘鞋。雨雪、大风天气或事故巡线，巡视人员应穿绝缘靴或绝缘鞋。汛期、暑天、雪天等恶劣天气和山区巡线应配备必要的防护用具、自救器具和药品，夜间巡线携带足够的照明用具。

（3）大风天气巡线，沿线路上风侧前进，以免触及断落的导线。事故巡视始终认为线路带电，保持安全距离。夜间巡线，沿线路外侧进行，巡线时禁止泅渡，雷电时不得巡线。

（4）地震、台风、洪水、泥石流等灾害发生时，不巡视灾害现场。灾害发生后，若需对配电线路、设备进行巡视，应得到设备运维管理单位批准，巡视人员与派出部门之间保持通信联络。低压配电网巡视时，禁止触碰裸露带电部位。

4. 配电设备巡视的重点内容包括哪些？

答：（1）巡视人员随身携带相关资料及常用工具、备件和个人防护用品。巡视人员在巡视线路、设备时，按规定路线开展，同时核对命名、编号、标志等。

（2）巡视人员填写巡视记录。巡视记录包括气象条件，巡视人、巡视日期、巡视范围和线路及设备名称，缺陷及隐患发现情况等，以及初步处理意见。

（3）巡视人员在发现危急缺陷时立即汇报，积极做好消缺工作，发现影响安全的施工作业，立即开展调查，做好现场宣传、劝阻工作，并书面通知施工单位。巡视发现的问题及时进行记录、分析、汇总，重大问题及时汇报。

5. 定期巡视的检查范围主要包括哪些内容？

答：（1）架空线路、电缆通道及相关设施。

（2）架空线路、电缆及其附属电气设备。

（3）柱上变压器、柱上开关（见图 2–1）设备、柱上电容器、开关站、环网单元、配电站（见图 2–2）、箱式变电站等电气设备。

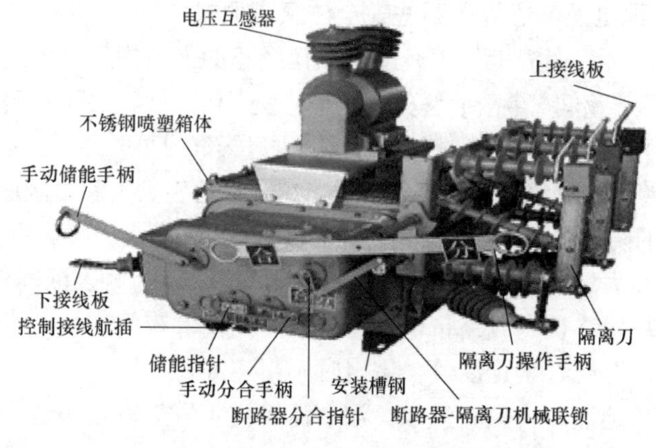

图 2–1　柱上开关

图 2–2　配电站

（4）开关站、环网单元、配电站的建（构）筑物和相关辅助设施。

（5）防雷与接地装置、配电自动化终端、直流电源等设备。

（6）各类相关的标识标示及相关设施。

6. 特殊巡视的检查范围主要包括哪些内容？

答：（1）过温升、过负荷或负荷有显著增加的线路及设备。

（2）检修或改变运行方式后，重新投入系统运行或新投运的线路及设备。

（3）根据检修或试验情况，有薄弱环节或可能造成缺陷的线路及设备。

（4）存在严重缺陷或缺陷有所发展以及运行中有异常现象的线路及设备。

（5）存在外力破坏可能或在恶劣气象条件下影响安全运行的线路及设备。

（6）重要保电任务期间的线路及设备。

（7）其他电网安全稳定有特殊运行要求的线路及设备。

7. 架空线路通道巡视主要查看哪些内容？

答：（1）线路（见图 2–3）保护区内有无易燃、易爆物品和腐蚀性液（气）体。

图 2–3　架空线路

（2）导线对地，对道路、公路、铁路、索道、河流、建（构）筑物等的距离是否符合相关规定，有无可能触及导线的铁烟囱、天线、路灯等。有无可能被风刮起危及线路安全的物体（如金属薄膜、广告牌、风筝等）。

（3）线路附近的爆破工程有无爆破手续，其安全措施是否妥当，防护区内栽植的树（竹）情况及导线与树（竹）的距离是否符合规定，有无蔓藤类植物附生威胁安全，是否存在对线路安全构成威胁的工程设施（施工机械、脚手架、拉线、开挖、地下采掘、打桩等），是否存在电力设施被擅自移作他用的现象。

（4）线路附近是否出现高大机械、揽风索及可移动设施等。线路附近有无污染源，线路附近河道、冲沟、山坡有无变化，巡视、检修时使用的道路、桥梁是否损坏，是否存在江河泛滥及山洪、泥石流对线路的影响。线路附近有无修建的道路、码头、货物等，线路附近有无射击、放风筝、抛扔杂物、飘洒金属和在杆塔、拉线上拴牲畜等。通道内有无未经批准擅自搭挂的弱电线路，有无其他可能影响线路安全的情况。

8. 架空线路杆塔和基础巡视主要查看哪些内容？

答：（1）杆塔是否倾斜、位移，是否符合相关规定，杆塔偏离线路中心不大于 0.1m，钢筋混凝土杆倾斜不大于 15/1000，铁塔倾斜度不大于 0.5%（适用于 50m 及以上高度铁塔）或 1.0%（适用于 50m 以下高度铁塔），转角杆不向内角倾斜，终端杆不向导线侧倾斜，向拉线侧倾斜小于 0.2m。

（2）钢筋混凝土杆无严重裂纹、铁锈水，保护层无脱落、疏松、钢筋外露，钢筋混凝土杆不宜有纵向裂纹，横向裂纹不宜超过 1/3 周长且裂纹宽度不宜大于 0.5mm，焊接杆焊接处应无裂纹，无严重锈蚀，铁塔（钢杆）无严重锈蚀，主材弯曲度不超过 5/1000，混凝土基础不应有裂纹、疏松、露筋。

（3）杆塔基础有无损坏、下沉、上拔，周围土壤有无挖掘或沉陷，杆塔埋深是否符合要求。基础保护帽上部塔材有无被埋入土或废弃物堆中，塔材有无锈蚀、缺失。各部螺钉紧固，杆塔部件的固定处是否缺螺栓或螺母，螺栓是否松动等。

（4）杆塔有无被水淹、水冲的可能，防洪设施有无损坏、坍塌。杆塔位置是否合适、有无被车撞的可能，保护设施是否完好，安全标示是否清晰。各类标识（杆号牌、相位牌、3m 线标记等）是否齐全、清晰明显、规范统一、位置合适、安装牢固。

（5）杆塔周围有无蔓藤类植物和其他附着物，有无危及安全的鸟巢、风筝及杂物。杆搭上有无未经批准搭挂设施或非同一电源的低压配电线路。

9. 架空线路导线巡视主要查看哪些内容?

答：（1）导线有无断股、损伤、烧伤、腐蚀的痕迹，绑扎线有无脱落、开裂，连接线夹螺栓是否紧固，有无跑线现象，7 股导线中任一股损伤深度不应超过该股导线直径的 1/2，19 股及以上导线任一处的损伤不应超过 3 股。

（2）三相弛度是否平衡，有无过紧、过松现象，三相导线弛度误差不超过设计值的−5%或+10%。一般档距内弛度相差不宜超过 50mm。

（3）导线连接部位是否良好，有无过热变色和严重腐蚀，连接线夹是否缺失。跳（档）线、引线有无损伤、断股、弯扭。导线的线间距离，过引线、引下线与邻相的过引线、引下线、导线之间的净空距离以及导线与拉线、杆塔或构件的距离是否符合相关规定，导线上有无抛扔物。

（4）架空绝缘导线有无过热、变形、起泡现象。过引线有无损伤、断股、松股、歪扭，与杆塔、构件及其他引线间距离是否符合规定。

10. 架空线路的铁件、金具等巡视主要查看哪些内容?

答：（1）铁横担与金具有无严重锈蚀、变形、磨损、起皮或出现严重麻点，锈蚀表面积不应超过 1/2，特别注意检查金具经常活动、转动的部位和绝缘子串悬挂点的金具。

（2）横担上下、左右偏斜不大于横担长度的 2%。螺栓是否松动，有无缺螺帽、销子，开口销及弹簧销有无锈蚀、断裂、脱落。线夹、连接器上有无锈蚀或过热现象（如接头变色、熔化痕迹等），连接线夹弹簧垫是否齐全、紧固。

（3）瓷质绝缘子有无损伤、裂纹和闪络痕迹，釉面剥落面积不大于 100mm²，合成绝缘子的绝缘介质是否龟裂、破损、脱落。铁脚、铁帽有无锈蚀、松动、弯曲偏斜。瓷横担、瓷顶担是否偏斜，绝缘子钢脚有无弯曲，铁件有无严重锈蚀，针式绝缘子是否歪斜。

（4）在同一绝缘等级内，绝缘装设是否保持一致。支持绝缘子绑扎线有无松弛和开断现象，与绝缘导线直接接触的金具绝缘罩是否齐全，有无开裂、发热变色变形，接地环设置是否满足要求。铝包带、预绞丝有无滑动、断股或烧伤，防振锤有无移位、脱落、偏斜。驱鸟装置、故障指示器工作是否正常。

11. 架空线路拉线巡视主要查看哪些内容?

答:（1）拉线（见图 2–4）有无断股、松弛、严重锈蚀和张力分配不匀等现象，拉线的受力角度是否适当，当一基电杆上装设多条拉线时，各条拉线的受力应一致。

图 2–4　拉线

（2）跨越道路的水平拉线，对地距离符合相关规定要求，对路边缘的垂直距离不应小于 6m，跨越电车行车线的水平拉线，对路面的垂直距离不应小于 9m。

（3）拉线棒有无严重锈蚀、变形、损伤及上拔现象，必要时做局部开挖检查。拉线基础是否牢固，周围土壤有无突起、沉陷、缺土等现象。拉线绝缘子是否破损或缺少，对地距离是否符合要求。拉线杆是否损坏、开裂、起弓、拉直。拉线的抱箍、拉线棒、UT 型线夹、楔形线夹等金具铁件有无变形、锈蚀、松动或丢失现象。顶（撑）杆、拉线桩、保护桩（墩）等有无损坏、开裂等现象。拉线的 UT 型线夹有无被埋入土或废弃物堆中。

（4）拉线不设在妨碍交通（行人、车辆）或易被车撞的地方，无法避免时应设有明显警示标示或采取其他保护措施，穿越带电导线的拉线应加设拉线绝缘子。

12. 电缆线路通道巡视主要查看哪些内容?

答:（1）电缆线路通道（见图2–5）路径周边是否有管道穿越、开挖、打桩、钻探等施工，检查路径沿线各种标识标示是否齐全。

图2–5　电缆线路通道

（2）通道内是否存在土壤流失，造成排管包封、工作井等局部点暴露或导致工作井、沟体下沉、盖板倾斜。通道上方是否修建建（构）筑物，是否堆置可燃物、杂物、重物、腐蚀物等。盖板是否齐全完整、排列紧密、有无破损；是否压在电缆本体、接头或者配套辅助设施上；是否影响行人、过往车辆安全。

（3）通道内是否有热力管道或易燃易爆管道泄漏现象。隧道进出口设施是否完好，巡视和检修通道是否畅通，沿线通风口是否完好。电缆桥架是否存在损坏、锈蚀现象，是否出现倾斜、基础下沉、覆土流失等现象，桥架与过渡工作井之间是否产生裂缝和错位现象。

（4）水底电缆管道保护区内是否有挖砂、钻探、打桩、抛锚、拖锚、底拖捕捞、张网、养殖或其他可能破坏海底电缆管道安全的水上作业。临近河（海）岸两侧是否有受潮水冲刷的现象，电缆盖板是否露出水面或移位，河岸两端的警告标示是否完好。

13. 电缆线路管沟、隧道内部巡视主要查看哪些内容?

答：（1）电缆线路管沟、隧道（见图 2–6）结构本体有无形变，支架、爬梯、楼梯等附属设施及标识标示是否完好。

图 2–6　电缆沟

（2）结构内部是否存在火灾、坍塌、盗窃、积水等隐患，是否存在温度超标、通风不良、杂物堆积等缺陷，缆线孔洞的封堵是否完好。

（3）电缆固定金具是否齐全，隧道内接地箱、交叉互联箱的固定、外观情况是否良好。机械通风、照明、排水、消防、通信、监控、测温等系统或设备是否运行正常，是否存在隐患和缺陷。测量并记录氧气和可燃、有害气体的成分和含量，保护区内是否存在未经批准的穿管施工。

14. 电缆线路本体巡视主要查看哪些内容?

答：电缆是否变形，表面温度是否过高。标识标示是否齐全、清晰，电缆线路排列是否整齐规范，是否按电压等级的高低从下向上分层排列。通信光缆与电力电缆同沟时是否采取有效的隔离措施，电缆线路防火措施是否完备。

15. 电缆线路终端头巡视主要查看哪些内容?

答：（1）电缆线路终端头（见图 2–7）连接部位是否良好，有无过热现象，相间及对地距离是否符合要求。电缆终端头和支持绝缘子的瓷件或硅橡胶伞裙套有无脏污、损伤、裂纹和闪络痕迹。

图 2–7 电缆头

（2）电缆终端头和避雷器固定是否出现松动、锈蚀等现象。电缆上杆部分保护管及其封口是否完整。

（3）电缆终端是否完整，有无渗漏油，有无开裂、积灰、电蚀或放电痕迹；是否有不满足安全距离的异物，是否有倾斜现象，引流线是否过紧。标识标示是否清晰齐全，接地是否良好。

16. 电缆线路中间接头巡视主要查看哪些内容？

答：电缆线路中间接头外部是否有明显损伤及变形，密封是否良好，有无过热变色、变形等现象。底座支架是否锈蚀、损坏，支架是否存在偏移情况，防火阻燃措施是否完好，铠装或其他防外力破坏的措施是否完好。电缆井是否有积水、杂物现象，标识标示是否清晰齐全。

17. 电缆分支箱巡视主要查看哪些内容？

答：（1）电缆分支箱（见图 2–8）基础有无损坏、下沉，周围土壤有无挖掘或沉陷，电缆有无外露，螺栓是否松动。箱内有无进水，有无小动物、杂物、灰尘。

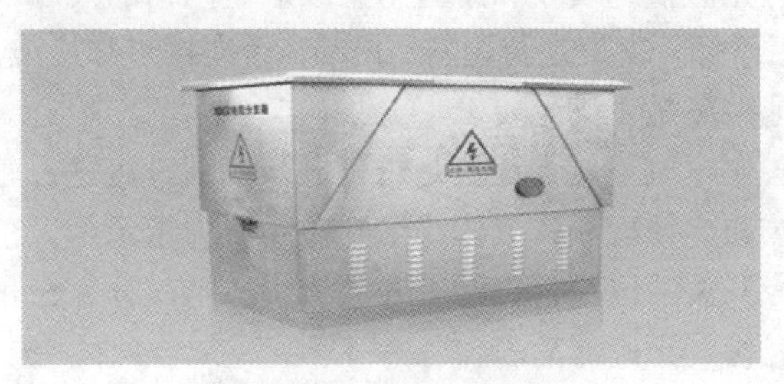

图 2–8 电缆分支箱

（2）电缆洞封口是否严密，箱内底部填沙与基座是否齐平，壳体是否锈蚀、损坏，外壳油漆是否剥落，内装式铰链门开合是否灵活。

（3）电缆搭头接触是否良好，有无发热、氧化、变色等现象，电缆搭头相间和对壳体、地面距离是否符合要求。箱体内电缆进出线标识是否齐全，与对侧端标识是否对应，箱体内其他设备运行是否良好，有无异常声音或气味，标识标示、一次接线图等是否清晰、正确。

18. 电缆温度检测包括哪些内容？

答：（1）多条并联运行的电缆以及电缆线路靠近热力管或其他热源、电缆排列密集处，进行土壤温度和电缆表面温度监视测量，以防电缆过热。

（2）测量电缆的温度，在夏季或电缆最大负荷时进行。测量直埋电缆温度时，同时测量同地段的土壤温度，测量土壤温度的热偶温度计的装置点与电缆间的距离应不小于3m，离土壤测量点3m半径范围内无其他热源。

（3）电缆同地下热力管交叉或接近敷设时，电缆周围的土壤温度在任何时候不得超过本地段其他地方同样深度的土壤温度 10℃以上。

19. 柱上断路器和负荷开关巡视主要查看哪些内容？

答：（1）柱上断路器和负荷开关外壳有无渗、漏油和锈蚀现象。套管有无破损、裂纹和严重污染或放电闪络的痕迹。固定是否牢固、是否下倾，支架是否歪斜、松动，引线接点和接地是否良好，线间和对地距离是否满足要求。

（2）各个电气连接点连接是否可靠，铜铝过渡是否可靠，有无锈蚀、过热和烧损现象。气体绝缘开关的压力指示是否在允许范围内，油绝缘开关油位是否正常。开关标识标示，分、合和储能位置指示是否完好、正确、清晰。

20. 隔离负荷开关、隔离开关、跌落式熔断器巡视主要查看哪些内容?

答：绝缘件有无裂纹、闪络、破损及严重污秽，熔丝管有无弯曲、变形。触头间接触是否良好，有无过热、烧损、熔化现象，各部件的组装是否良好，有无松动、脱落。引下线接点是否良好，与各部件间距是否合适，安装是否牢固，相间距离、倾角是否符合规定。操作机构有无锈蚀现象，隔离负荷开关的灭弧装置是否完好。

21. 柱上电容器巡视主要查看哪些内容?

答：柱上电容器（见图 2–9）绝缘件有无闪络、裂纹、破损和严重脏污，有无渗、漏油，外壳有无膨胀、锈蚀。接地是否良好，放电回路及各引线接线是否良好，带电导体与各部的间距是否合适，熔丝是否熔断。柱上电容器运行中的最高温度不得超过制造厂规定值。

图 2–9　柱上电容器

22. 开关柜、配电柜巡视主要查看哪些内容?

答：（1）开关柜、配电柜（见图 2–10）分、合闸位置是否正确，与实际运行方式是否相符，控制把手与指示灯位置是否对应，SF_6 开关气体压力是否正常，防误闭锁是否完好，柜门关闭是否正常，油漆有无剥落。

图 2–10　开关柜

（2）设备的各部件连接点接触是否良好，有无放电声，有无过热变色、烧熔现象。设备有无凝露，加热器、除湿装置是否处于良好状态。

（3）接地装置是否良好，有无严重锈蚀、损坏。母线排有无变色变形现象，绝缘件有无裂纹、损伤、放电痕迹。

（4）各种仪表、保护装置、信号装置是否正常。铭牌及标识标示是否齐全、清晰。模拟图板或一次接线图与现场是否一致。

23. 配电变压器巡视主要查看哪些内容?

答：（1）变压器各部件接点接触是否良好，有无过热变色、烧熔现象。变压器套管是否清洁，有无裂纹、击穿、烧损和严重污秽，瓷套裙边损伤面积不应超过 $100mm^2$。油温、油色、油面是否正常，有无异声、异味，在正常情况下，上层油温不应超过 85°，最高不应超过 95°。

（2）各部位密封圈（垫）有无老化、开裂，缝隙有无渗、漏油现象，配变外壳有无脱漆、锈蚀，焊口有无裂纹、渗油。引线是否松弛，绝缘是否良好，相间或对构件的距离是否符合规定。

（3）有载调压配变分接开关指示位置是否正确。呼吸器是否正常、有无堵塞，硅胶有无变色现象，绝缘罩是否齐全完好，全密封变压器的压力释放装置是否完好。温度控制器显示是否异常，巡视中应对温控装置进行自动和手动切换，观察风扇起停是否正常等。

（4）变压器有无异常声音，是否存在重载、超载现象。标识标示是否齐全、清晰，铭牌和编号等是否完好。变压器台架高度是否符合规定，有无锈蚀、倾斜、下沉，木构件有无腐朽，砖、石结构台架有无裂缝和倒塌可能。地面安装变压器的围栏是否完好，平台坡度不大于1/100。

24. 防雷和接地装置巡视主要查看哪些内容?

答：（1）避雷器本体及绝缘罩外观有无破损、开裂，有无闪络痕迹，表面是否脏污。避雷器上、下引线连接是否良好，引线与构架、导线的距离是否符合规定。支架是否歪斜，铁件有无锈蚀，固定是否牢固，带脱离装置的避雷器是否已动作。

（2）防雷金具等保护间隙有无烧损，锈蚀或被外物短接，间隙距离是否符合规定。接地线和接地体的连接是否可靠，接地线绝缘护套是否破损，接地体有无外露、严重锈蚀，在埋设范围内有无土方工程。设备接地电阻应满足表2–2，有避雷线的配电线路，其杆塔接地电阻应满足表2–3。

表2–2　配电网设备接地电阻

配电网设备	接地电阻（Ω）
柱上开关	10
避雷器	10
柱上电容器	10
柱上高压计量箱	10
总容量 100kVA 及以上的变压器	4
总容量为 100kVA 以下的变压器	10
开关柜	4
电缆	10
电缆分支箱	10
配电站	4

表 2-3　　杆塔接地电阻

土壤电阻率（Ωm）	工频接地电阻（Ω）
100 及以下	10
100 以上至 500	15
500 以上至 1000	20
1000 以上至 2000	25
2000 以上	30

25. 站房类建（构）筑物巡视主要查看哪些内容？

答：（1）建（构）筑物周围有无杂物，有无可能威胁配电网设备安全运行的杂草、蔓藤类植物等。建（构）筑物的门、窗、钢网有无损坏，房屋、设备基础有无下沉、开裂，屋顶有无漏水、积水，沿沟有无堵塞。

（2）户外环网单元、箱式变电站等设备的箱体有无锈蚀、变形。建（构）筑物、户外箱体的门锁是否完好，电缆盖板有无破损、缺失，进出管沟封堵是否良好，防小动物设施是否完好。

（3）室内是否清洁，周围有无威胁安全的堆积物；大门口是否畅通、是否影响检修车辆通行；室内温度是否正常，有无异声、异味；室内消防、照明设备、常用工器具是否完好齐备、摆放整齐，除湿、通风、排水设施是否完好。

26. 配电自动化设备巡视主要查看哪些内容？

答：（1）设备表面是否清洁，有无裂纹和缺损。二次端子排接线是否松动，二次接线标识是否清晰正确。

（2）直流电源设备的蓄电池是否渗液、老化，箱体有无锈蚀及渗漏，蓄电池电压、浮充电流是否正常。直流电源箱、直流屏指示灯信号是否正常，开关位置是否正确，液晶屏显示是否正常。

（3）柜门关闭是否良好，有无锈蚀、积灰，电缆进出孔封堵是否完好。终端设备运行工况、各指示灯信号、通信、报文收发、遥测数据、遥信位置、二次安全防护设备运行是否正常，遥测、遥信等信息是否异常。设备接地是否牢固可靠，终端装置参数定值等是否核实及时钟校对，数据常态是否备份。

27. 配电设备发生故障后如何处理?

答:（1）线路故障停电后，不得盲目试送，先详细检查线路和有关设备（对装有故障指示器的线路，先查看故障指示器，以快速确定方向），确无问题后方可恢复送电。已发现的短路故障修复后，先检查故障点电源侧所有连接点（跳档、搭头线），确无问题方可恢复供电。

（2）中性点小电流接地系统发生永久性接地故障时，通过利用各种技术手段，快速判断并切除故障线路或故障段，在无法短时间查找到故障点的情况下，宜停电查找，可用柱上开关或其他设备，从首端至末端、先主线后分支，采取逐段逐级拉合的方式进行排查。

（3）电缆线路发生故障，根据线路跳闸、故障测距和故障寻址器动作等信息，对故障点位置进行初步判断，故障电缆段查出后，将其与其他带电设备隔离，并做好安全措施，故障点经初步测定后，在精确定位前与电缆路径图仔细核对，必要时用电缆路径仪探测确定其准确路径。锯断故障电缆前先与电缆走向图进行核对，必要时使用专用仪器进行确认，在保证电缆导体可靠接地后，方可工作。

（4）故障电缆定位后，在未修复前先对故障点进行适当的保护，避免因雨水、潮气等影响使电缆绝缘受损。故障电缆修复前检查电缆受潮情况，如有进水或受潮，则采取去潮措施或切除受潮线段。在确认电缆未受潮、分段绝缘合格后，方可进行故障部位修复。电缆线路故障处理前后都要进行相关试验，以保证故障点全部排除及处理完好。

（5）配电变压器一次熔丝熔断时，需详细检查一次侧设备及变压器，无问题后方可送电；一次熔丝两相或三相熔断、断路器跳闸时，除详细检查一次侧设备及变压器外，还需检查低压出线以下设备的情况，确认无故障后才能送电。配电变压器、带油断路器等发生冒油、冒烟或外壳过热现象时，断开电源待冷却后处理。配电变压器的上一级开关跳闸，应对配变做外部检查和内部测试后才可恢复供电。

（6）开关站、环网单元母线电压互感器或避雷器发生异常情况（如冒烟、内部放电等），切断该电压互感器所在母线的电源，然后隔离故障电压互感器，不得直接拉开该电压互感器的电源侧隔离开关，其二次侧不得与正常运行的电压互感器二次侧并列。避雷器发生异常情况（如内部有异声）的处理方法同母线电压互感器故障处理方法。

（7）操作开关柜、环网柜开关时先检查气压表，在发现 SF_6 气压表指示为零时，应停止操作并立即汇报，等候处理。

（8）线路故障跳闸但重合闸成功，运行单位需尽快查明原因。电气设备发生火灾、水灾时，运维人员应首先设法切断电源，然后再进行处理。

28. 配电网设备设施标识牌如何管理？

答：（1）配电网设备设施的标志标识，需符合电力安全工作规程要求，保证电力安全运行需要。所有已投运的配电设备需具有正确齐全的设备标识，同一调度权限范围内，设备名称及编号唯一。

（2）配电网设备设施的现场标识牌、警示牌需完好、齐全、清晰、规范，装设位置明显、直观，缺损时要及时补充和恢复。新建和改造的配电设备在投运前完善相关的标志标识。

（3）需要标识的主要设备有：架空线路杆塔上的线路名称、编号、杆塔编号、特殊编码，同杆架设的多回线路的不同色标，柱上变压器、柱上开关设备、开关站、环网单元、配电站、箱式变电站等设备的名称、编码及适当的警示牌，联络开关的警告标志，终端悬挂的电缆杆上部分、电缆井内的电缆本体的名称、型号及相关信息，直埋电缆的地面标志桩，电缆工作井、电缆隧道的名称、编码，靠近道口及较有可能发生车辆撞击或外力事故的电杆、拉线、户外环网单元、电缆分支箱等的反光漆标志，同杆架设的不同电源警告牌，出线杆、分支杆、转角杆、电缆杆反映导线相位的相色标志，电缆终端头、设备接线端子的相色标志，其他存在安全隐患而设置警示标识的设备。

29. 配电设备倒闸操作有哪些基本要求？

答：（1）倒闸操作前，核对线路名称、设备双重名称和状态。现场倒闸操作唱票、复诵，宜全过程录音，全部操作完毕后进行复查，复查确认后，受令人应立即汇报发令人。

（2）监护操作时，操作人在操作过程中不应有任何未经监护人同意的操作行为。倒闸操作中发生疑问时，应立即停止操作，并向发令人报告。待发令人再行许可后，方可继续操作。在发生人身触电事故时，可以不经许可，立即断开有关设备的电源，但事后应立即报告值班调控人员（或运维人员）。

（3）停电拉闸操作应按照断路器—负荷侧隔离开关—电源侧隔离开关的顺序依次进行，送电合闸操作应按与上述相反的顺序进行。不得带负荷拉合隔离开关。

（4）断路器与隔离开关无机械或电气闭锁装置时，在拉开隔离开关前应确认断路器已完全断开。操作机械传动的断路器或隔离开关时，戴绝缘手套。操作没有机械传动的断路器、隔离开关或跌落式熔断器，应使用绝缘棒。雨天室外高压操作，使用有防雨罩的绝缘棒，并穿绝缘靴、戴绝缘手套。装卸高压熔断器，戴护目镜和绝缘手套。雷电时，不得就地倒闸操作和更换熔丝。单人操作时，不得登高或登杆操作。

（5）配电线路和设备停电后，在未拉开有关隔离开关和做好安全措施前，不得触及线路和设备或进入遮栏（围栏），以防突然来电。

30. 配电线路操作有哪些基本要求？

答：（1）装设有柱上开关（包括柱上断路器、柱上负荷开关）的配电线路停电，先断开柱上开关，后拉开隔离开关，送电操作顺序与此相反。配电变压器停电，先拉开低压侧隔离开关，后拉开高压侧熔断器，送电操作顺序与此相反。拉跌落式熔断器、隔离开关，应先拉开中相，后拉开两边相，合跌落式熔断器、隔离开关的顺序与此相反。

（2）操作柱上充油断路器（开关）或与柱上充油设备同杆（塔）架设的断路器（开关）时，应防止充油设备爆炸伤人。更换配电变压器跌落式熔断器熔丝，需拉开低压侧开关和高压侧隔离开关或跌落式熔断器。摘挂跌落式熔断器的熔管使用绝缘棒，并派人监护。就地使用遥控器操作断路器，遥控器的验编码应与断路器编号唯一对应。

（3）操作前，核对现场设备双重名称，遥控器应有闭锁功能，在解锁后进行遥控操作。为防止误碰解锁按钮，应对遥控器采取必要的防护措施。

31. 低压电气操作有哪些基本要求？

答：操作人员接触低压金属配电箱（表箱）前先验电。有总断路器和分路断路器的回路停电，先断开分路断路器，后断开总断路器，送电操作顺序与此相反。有刀开关和熔断器的回路停电，先拉开刀开关，后取下熔断器，送电操作顺序与此相反。有断路器和插拔式熔断器的回路停电，先断开断路器，并在负荷侧逐相验明确无电压后取下熔断器。

32. 配电设备操作后如何进行位置检测？

答：配电设备操作后的位置检查应以设备实际位置为准，无法看到实际位置时，可通过间接方法如设备机械位置指示、电气指示、带电显示装置、仪表及各种遥测、遥信等信号的变化来判断设备位置。判断时，至少应有两个非同样原理或非同源的指示发生对应变化，且所有这些确定的指示均已同时发生对应变化，方可确认该设备已操作到位。检查中若发现其他任何信号有异常，均应停止操作，查明原因。若进行遥控操作，可采用上述的间接方法或其他可靠的方法判断设备位置。

33. 配电设备解锁钥匙如何管理？

答：解锁工具（钥匙）需封存保管，所有操作人员和检修人员不得擅自使用解锁工具（钥匙）。若遇特殊情况需解锁操作，经设备运维管理部门同意，由运维人员告知值班调控人员后，方可使用解锁工具（钥匙）解锁。单人操作、检修人员在倒闸操作过程中不得解锁，若确需解锁应履行上述手续后处理。解锁工具（钥匙）使用后及时封存并做好记录。

34. 进入电缆井内有哪些注意事项？

答：（1）进入电缆井、电缆隧道前，先用吹风机排除浊气，再用气体检测仪检查井内或隧道内的易燃易爆及有毒气体的含量是否超标，并做好记录。

（2）电缆井、电缆隧道内工作时，通风设备要保持常开，不得只打开电缆井一只井盖（单眼井除外）。作业过程中可用气体检测仪检查井内或隧道内的易燃、易爆及有毒气体的含量是否超标，并做好记录。

（3）在电缆隧道内巡视时，作业人员要携带便携式气体测试仪，通风不良时还需携带正压式空气呼吸器。电缆沟的盖板开启后，需自然通风一段时间，经检测合格后下井沟工作。

（4）开启电缆井井盖、电缆沟盖板及电缆隧道人孔盖时注意站立位置，以免坠落，开启电缆井井盖要使用专用工具。开启后需设置遮栏（围栏），并派专人看守。作业人员撤离后立即恢复。

35. 导线、电缆断落地面或悬挂空中如何处理？

答：线路发生导线断线事故时，导线断落地面产生短路电流并向四周扩散形成不同的电位梯度。当人进入分布电压影响区内，两脚间的电位差随着与接地点的距离而变化，接地点处分布电压最高；相距接地点 20m 处，分布电压基本接近零；相距 8m 以内为危险区；8～20m 之间虽然仍有分布电压，但电位梯度渐小，已不致危害人身安全。

所以巡视中发现高压配电线路、设备接地或高压导线、电缆断落地面、悬挂空中时，室内人员距离故障点 4m 以外，室外人员距离故障点 8m 以外（见图 2-11），并迅速报告等候处理。处理前防止人员接近接地或断线地点，以免跨步电压伤人，进入上述范围人员穿绝缘靴，接触设备的金属外壳时戴绝缘手套。

图 2–11　危险区域

36. 配电站钥匙如何保管？什么情况需加挂机械锁？

答：（1）配电站、开关站、箱式变电站等钥匙至少有三把，一把专供紧急时使用，一把专供运维人员使用。其他可以借给经批准的高压设备巡视人员和经批准的检修、施工队伍的工作负责人使用，但应登记签名，巡视或工作结束后立即交还。

（2）需加挂机械锁的情况有：未装防误闭锁装置或闭锁装置失灵的隔离开关手柄和网门；当电气设备处于冷备用时，网门闭锁失去作用时的有电间隔网门；设备检修时，回路中的各来电侧隔离开关操作手柄和电动操作隔离开关机构箱的箱门，机械锁一把钥匙开一把锁（见图 2–12），钥匙编号并妥善保管。

图 2–12　机械锁

37. 进入 SF_6 配电装置室巡视主要有哪些注意事项？

答：（1）在装有 SF_6 设备的配电装置室，需装设强力通风装置，风口设置在室内低部，排风口不朝向居民住宅或行人。工作人员不单独进入配电装置室进行巡视或从事检修工作。

（2）因工作需要进入时需先通风 15min，并用气体测量仪检测 SF_6 气体含量是否合格。当 SF_6 气体在室内稀薄到一定程度后，才允许人员进入。工作区空气中 SF_6 气体含量不超过 1000μL/L。

（3）进入 SF_6 配电装置室低位区或电缆沟进行工作，先检测 SF_6 气体含量是否合格。SF_6 配电装置发生大量泄漏等紧急情况时，人员要迅速撤除现场，开启所有排风，未配备隔离式防毒面具人员不得入内，只有经过充分的自然排风或恢复排风后人员才可进入。

38. 电缆接地装置主要有哪些注意事项？

答：（1）接地箱、交叉互联箱箱体正面有不锈钢设备铭牌，铭牌上需有换位或接地示意图、额定短路电流、生产厂家、出厂日期、防护等级等信息。如接地箱、交叉互联箱置于地面上，接地箱、交叉互联箱安装与基础匹配，膨胀螺栓安装稳固，箱内接地缆出线管口空隙进行防火泥封堵。接地箱和交叉互联箱有运行编号。

（2）接地箱、交叉互联箱内连接需与设计相符，铜牌连接螺栓拧紧，连接螺栓无锈蚀现象。箱体完整，门锁完好，开关方便。接地箱、交叉互联箱内电气连接部分与箱体绝缘，箱体本体不得选用铁磁材料，并密封良好，固定牢固可靠，满足长期浸水要求，防护等级不低于 IP68。

（3）电缆护层过电压限制器配置选择符合标准要求，限制器和电缆金属护层连接线宜在 5m 内，连接线与电缆护层的绝缘水平一致。金属护层接地电流绝对值小于 100A，或金属护层接地电流/负荷比值小于 20%，或金属护层接地电流相间最大值/最小值比值小于 3。

39. 电缆标识牌和警示牌的装设主要有哪些注意事项？

答：（1）在电缆终端头、电缆接头、拐弯处、夹层内、隧道及竖井的两端、工作井内等地方，装设标识牌，标识牌上注明线路编号，当无编号时，写明电缆型号、规格及起讫地点，双回路电缆详细区分。

（2）标识和警示牌规格宜统一，字迹清晰，防腐不易脱落，挂装牢固。标识和警示牌宜选用复合材料等不可回收的非金属材质。在电缆终端塔（杆、T 接平台）、围栏、电缆通道等地方装设警示牌。

（3）电缆通道的警示牌在通道两侧对称设置，警示牌形式根据周边环境按需设置，沿线每块警示牌设置间距一般不大于 50m，在转弯工作井、定向钻进拖拉管两侧工作井、接头工作井等电缆路径转弯处两侧宜增加埋设。在水底电缆敷设后，设立永久性标识和警示牌。接地箱标识牌宜选用防腐、防晒、防水性能好、使用寿命长、黏性强的粘胶带材制作，包含电压等级、线路名称、接地箱编号、接地类型等信息。

（4）在各类终端塔围栏、钢架桥、钢拱桥两侧围栏正面侧均需正确安装包含“高压危险，禁止攀登”等标志的警示牌。警示牌悬挂安装在终端站、塔的围墙和围栏开门侧及对向两侧中间位置；对于各类钢架桥、钢拱桥两侧“U”形围栏应在面向通道方向相向两侧进行悬挂安装，警示牌底边距地面高度在 1.5～3.0m。围墙和围栏设施警示牌宜选用防腐、防晒、防水等抗老化、性能好、使用寿命长、不可回收的非金属材质。

（5）电缆隧道内应设置出入口指示牌。电缆隧道内通风、照明、排水和综合监控等设备应挂设铭牌，铭牌内容包括设备名称、投运日期、生产厂家等基本信息。

40. 电缆防火设施主要有哪些注意事项？

答：（1）在电缆穿过竖井、变电站夹层、墙壁、楼板或进入电气盘、柜的孔洞处，做防火封堵。在隧道、电缆沟、变电站夹层和进出线等电缆密集区域采用阻燃电缆或采取防火措施。在重要电缆沟和隧道中有非阻燃电缆时，宜分段或用软质耐火材料设置阻火隔离，孔洞应封堵。

（2）未采用阻燃电缆时，电缆接头两侧及相邻电缆 2～3m 长的区段采取涂刷防火涂料、缠绕防火包带等措施。在封堵电缆孔洞时，封堵严实可靠，不得有明显的裂缝和可见的缝隙，孔洞较大者加耐火衬板后再进行封堵。

41. 电缆防外力破坏主要有哪些措施?

答：（1）在电缆及通道保护区范围内的违章施工、搭建、开挖等违反《电力设施保护条例》和其他可能威胁电网安全运行的行为，及时进行劝阻和制止，必要时向有关单位和个人送达隐患通知书。对于造成事故或设施损坏者，视情节与后果移交相关执法部门依法处理（见图 2–13）。

图 2–13　防外力破坏宣传板

（2）允许在电缆及通道保护范围内施工的，运维单位严格审查施工方案，制定安全防护措施，并与施工单位签订保护协议书，明确双方职责。施工期间，安排运维人员到现场进行监护，确保施工单位不得擅自更改施工范围。对临近电缆及通道的施工，运维人员应对施工方进行交底，包括路径走向、埋设深度、保护设施等，并按不同电压等级要求，提出相应的保护措施。对临近电缆通道的易燃、易爆等设施采取有效隔离措施，防止易燃、易爆物渗入。

（3）临近电缆通道的基坑开挖工程，建设单位做好电力设施专项保护方案，防止土方松动、坍塌引起沟体损伤且原则上不应涉及电缆保护区。若为开挖深度超过 5m 的深基坑工程，在基坑围护方案中根据电力部门提出的相关要求增加相应的电缆专项保护方案，并组织专家论证会讨论通过。市政管线、道路施工涉及非开挖电力管线时，建设单位邀请具备资质的探测单位做好管线探测工作，且召开专题会议讨论确定实施方案。

（4）因施工挖掘而暴露的电缆，由运维人员在场监护，并告知施工人员有关施工注意事项和保护措施。对于被挖掘而露出的电缆加装保护罩，需要悬吊时，悬吊间距不大于 1.5m。工程结束覆土前，运维人员应检查电缆及相关设施是否完好，安放位置是否正确，待恢复原状后，方可离开现场。不得在电缆沟和隧道内同时埋设其他管道，管道交叉通过时最小净距应满足标准要求，有关单位在协商采取安全措施达成协议后方可施工。

（5）电缆路径上设立明显的警示标志，对可能发生外力破坏的区段应加强监视，并采取可靠的防护措施。对处于施工区域的电缆线路，设置警告标志牌，标明保护范围。监视电缆通道结构、周围土层和邻近建筑物等的稳定性，发现异常及时采取防护措施。敷设于公用通道中的电缆制定专项管理措施。

（6）当电缆线路发生外力破坏时，保护现场，留取原始资料，及时向有关管理部门汇报。运维单位应定期对外力破坏防护工作进行总结分析，制定相应防范措施。电缆与热管道（沟）及热力设备平行、交叉时，采取隔热措施。电缆与电缆或管道、道路、构筑物等相互间容许最小净距按照标准执行。

（7）水底电缆线路按水域管理部门的航行规定，划定一定宽度的防护区域，禁止船只抛锚，并按船只往来频繁情况，必要时设置瞭望岗哨或安装监控装置，配置能引起船只注意的设施。在水底电缆线路防护区域内，发生违反航行规定的事件，通知水域管辖的有关部门，尽可能采取有效措施，避免损坏水底电缆事故的发生。海底电缆管道所有者当在海底电缆管道铺设竣工后 90 日内，将海底电

缆管道的路线图、位置表等注册登记资料报送县级以上人民政府海洋行政主管部门备案，并同时抄报海事管理机构。

（8）海缆运行管理单位建立与渔政、海事等单位的联动及应急响应机制，完善海缆突发事件处理预案。海缆运行管理单位在海中对海缆实施路由复测、潜海检查和其他保护措施时取得海洋行政主管部门批准，海缆运行管理单位在对海缆实施维修、改造、拆除、废弃等施工作业时，通过媒体向社会发布公告，任何单位和个人不得在海缆保护区内从事挖砂、钻探、打桩、抛锚、拖锚、捕捞、张网、养殖或其他可能危害海缆安全的海上作业。海缆登陆点设置禁锚警示标志，禁锚警示标志需醒目，并具有稳定可靠的夜间照明，夜间照明宜采用 LED 冷光源并应用同步闪烁装置，无可靠远程监视、监控的重要海缆设置有人值守的海缆瞭望台，海缆防船舶锚损宜采用 AIS（船舶自动识别系统）监控、视频监控、雷达监控等综合在线监控技术。

第三章 检修作业

1. 登杆塔前需做好哪些准备工作?

答: (1) 检查线路名称和杆号是否正确，防止误登杆塔。检查杆根、基础和拉线是否牢固，新立杆塔在基础未完全牢固、拉线未做好时不得攀登。

(2) 检查杆塔上是否有影响攀登的附属物。检查被冲刷、起土、上拔或导地线、拉线松动的杆塔是否进行加固、打好临时拉线或支好架杆。

(3) 检查登高工具、设施（如脚扣、安全带、梯子、防坠装置等）是否完整牢靠。检查有覆冰、积雪、积霜、雨水的杆塔是否采取防滑措施，检查杆塔是否有横向裂纹和金具锈蚀情况。

2. 杆塔上作业主要有哪些注意事项?

答: (1) 作业人员不得携带工器具、材料等登杆，不得利用绳索、拉线上下杆塔或顺杆下滑。作业人员在杆塔上作业必须佩戴安全帽，作业、移位时，手扶的构件必须牢固，不能失去安全带保护，同时采取防止安全带从杆顶脱出或被锋利物损坏的措施。

(2) 作业人员在杆塔上作业时，宜使用有后备保护绳或速差自锁器的双控背带式安全带，安全带和保护绳分别固定在杆塔不同部位的牢固构件上。

(3) 作业人员在上横担前，应先检查横担是否腐蚀、联结是否牢固，检查时安全带（绳）须系在主杆或牢固的构件上。作业人员杆塔上作业时不得从事接打电话等与工作无关的活动。作业人员在人员密集或有人员通过的地段进行杆塔上作业时，作业点下方按坠落半径设围栏或其他保护措施。

(4) 杆塔上下无法避免垂直交叉作业时，须做好防落物伤人的措施，作业时要相互照应，密切配合。杆塔上有人工作时不能拆除和调整拉线。绑线要在下面绕成小盘再带上杆塔使用，在杆塔上不能卷绕或放开绑线。

3. 坑洞开挖主要有哪些注意事项?

答:（1）作业人员在坑洞开挖时，应及时清除坑口上方的浮土、石块。在泥土、路面铺设的材料等堆置物堆起的斜坡上不得放置工具、材料等器物，防止器物落入坑洞伤人。作业人员在超过1.5m深的基坑内向坑外抛掷土石时，应做好防止土石回落坑内，同时应做好土层塌方的临边措施。

（2）作业人员在土质松软处挖坑，应采取加挡板、撑木等防止塌方的措施。不得站在挡板、撑木上传递土石或放置传土工具，不得由下部掏挖土层。

（3）作业人员在下水道、煤气管线、潮湿地、垃圾堆或有腐殖物等附近挖坑时，应设监护人，监护人须密切注意挖坑人员，防止煤气、硫化氢等有毒气体中毒及沼气等可燃气体爆炸。在挖深超过2m的坑内工作时，应采取戴防毒面具、向坑中送风和持续检测等安全措施。

（4）作业人员在居民区及交通道路附近开挖基坑时，应设坑盖或可靠遮栏，并加挂警告标示牌，夜间挂红灯。作业人员杆塔基础附近开挖时，应随时检查杆塔稳定性。若开挖影响杆塔的稳定性时，在开挖的反方向应加装临时拉线，开挖基坑未回填时不得拆除临时拉线。

4. 立、撤杆塔主要有哪些注意事项?

答:（1）立、撤杆须设专人统一指挥。开工前，指挥人应交代施工方法、指挥信号和安全、技术措施，作业人员应明确分工，服从指挥。

（2）居民区和交通道路附近立、撤杆，应设警戒范围或警告标志，并派人看守。立、撤杆应使用合格的起重设备，使用吊车时，钢丝绳应套在电杆的适当位置防止电杆突然倾斜，立、撤杆时，基坑内不得有人。除指挥人及指定人员外，其他人员在杆塔高度的1.2倍距离以外。

（3）立杆时应采用拉绳、叉杆等控制杆身倾斜、滚动的措施。在带电线路、设备附近立、撤杆塔，应与带电线路、设备保持规定的安全距离且应有防止立、撤杆过程中拉线跳动合杆塔倾斜接近带电导线的措施。

5. 使用临时拉线主要有哪些注意事项？

答：（1）临时拉线不得利用树木或外露岩石作为受力桩，临时拉线在一个锚桩上的不得超过两根，临时拉线不得固定在有可能移动或其他不可靠的物体上。

（2）临时拉线绑扎工作应由有经验的人员担任，临时拉线在永久拉线全部安装完毕承力后方可拆除。杆塔施工过程需要采用临时拉线过夜时，对临时拉线采取加固和防盗措施。

6. 检修杆塔时主要有哪些注意事项？

答：检修杆塔时不得随意拆除受力构件，如需拆除，应提前做好补强措施。检修时调整杆塔倾斜、弯曲、拉线受力不均或转向时，应根据需要设置临时拉线及其调节范围，并设专人统一指挥。杆塔上有人时，不得调整或拆除拉线。

7. 放线、紧线与撤线主要有哪些注意事项？

答：（1）放线、紧线与撤线工作均须有专人指挥，设专人监护。交叉跨越各种线路、铁路、公路、河流等地方放线、撤线时，应先取得有关主管部门同意，并且做好跨越架搭设、封路、在路口设专人看守等安全措施。

（2）工作前应检查放线、紧线与撤线工具及设备，跨越架、牵引绳、线盘架等每次使用前检查合格后方可使用。放线、紧线前，应检查确认导线无障碍物挂住，导线与牵引绳的连接可靠，线盘架稳固可靠、转动灵活、制动可靠。

（3）放线、紧线时，遇接线管或接线头过滑轮、横担、树枝、房屋等处有卡、挂现象，应松线后处理。处理时操作人员须站在卡线处外侧，采用工具、大绳等撬、拉导线，不得用手直接拉、推导线。

（4）紧线、撤线前，应检查拉线、桩锚及杆塔，必要时加固桩锚或增设临时拉线。拆除杆上导线前，应检查杆根是否牢固，做好防止倒杆措施。

（5）放线、紧线与撤线时，作业人员不得站在或跨在已受力的牵引绳、导线的内角侧，展放的导线圈内以及牵引绳或架空线的垂直下方，防止意外跑线时抽伤，不能采用突然剪断导线的做法松线。

（6）采用以旧线带新线的方式施工，应检查确认旧导线完好牢固。若放线通道中有带电线路和带电设备，应与之保持安全距离，无法保证安全距离时采取搭设跨越架等措施或停电。在交通道口采取无跨越架施工时，采取措施防止车辆挂碰施工线路。

8. 架空绝缘导线作业主要有哪些注意事项？

答：架空绝缘导线不是绝缘设备，作业人员或非绝缘工器具、材料不得直接接触或接近。架空绝缘线路与裸导线线路停电作业的安全要求相同，作业人员不能穿越未停电接地或未采取隔离措施的绝缘导线工作。在停电检修作业中，开断或接入绝缘导线前，要做好防感应电的安全措施。

9. 防止误登同杆架设的带电线路主要采取哪些措施？

答：（1）同杆架设的每基杆塔应设识别标记（色标、判别标志等）和双重名称。开工前应发给作业人员相对应线路的识别标记，作业前作业人员应核对停电检修线路的识别标记和线路名称、杆号无误，验明线路确已停电并挂好接地线后，工作负责人方可宣布开始工作。

（2）作业人员登杆塔至横担处时，应再次核对停电检修线路的识别标记和线路名称、杆号无误后，方可进入停电线路侧横担。

（3）登杆塔和在杆塔上工作时，每基杆塔都须设专人监护。在杆塔上进行工作时，不能进入带电侧横担，也不能在带电横担侧放置任何物件。

10. 柱上变压器台架工作主要有哪些注意事项?

答：（1）柱上变压器台架工作前，工作人员应确认台架与杆塔联结牢固，接地体完好。

（2）柱上变压器台架工作，应先断开低压侧的空气开关、刀开关，再断开变压器台架的高压线路隔离开关或跌落式熔断器，高低压侧验电、接地后，方可工作。若变压器的低压侧无法装设接地线，采用绝缘遮蔽措施。

（3）柱上变压器台架工作，人体与高压线路和跌落式熔断器上部带电部分保持安全距离。不宜在跌落式熔断器下部新装、调换引线，若必须进行，采用绝缘罩将跌落式熔断器上部隔离，并设专人监护。

11. 箱式变电站工作主要有哪些注意事项?

答：（1）箱式变电站停电工作前，应断开所有可能送电到箱式变电站线路的断路器、负荷开关、隔离开关和熔断器，验电、接地后，方可进行箱式变电站的高压设备工作。

（2）变压器高压侧短路接地、低压侧短路接地或采取绝缘遮蔽措施后，方可进入变压器室工作。

12. 开关站（配电站）工作主要有哪些注意事项?

答：（1）进入开关站（配电站）等作业现场应正确佩戴安全帽，现场作业人员应穿全棉长袖工作服、绝缘鞋，进出开关站（配电站）应随手关门。

（2）工作前，工作人员应核对设备双重名称，防止误入带电间隔。开关站（配电站）部分停电工作，在停电设备的邻近带电设备要设置安全遮栏，面向检修区域悬挂“止步，高压危险”标示牌，并在工作地点或检修的设备间隔放置“在此工作”标示牌。

（3）开关站（配电站）停电设备周围存在的可能造成人员误碰、误登导致发生人身触电危险，邻近带电设备及一经合闸便可送电到检修区域的设备上，应设明显的“危险点”布幔。作业人员在验电、接地线挂设齐全正确的情况方可进行开工。在开关站（配电站）内搬动梯子、管子等长物，须放倒，由两人搬运，并与带电部分保持足够的安全距离。

13. 环网柜工作主要有哪些注意事项？

答：环网柜应在停电、验电、合上接地开关后，方可打开柜门。环网柜部分停电工作，若进线柜线路侧有电，进线柜设遮栏，悬挂“止步，高压危险！”标示牌，在进线柜负荷开关的操作把手插入口加锁，并悬挂“禁止合闸，有人工作！”标示牌，在进线柜接地开关的操作把手插入口加锁。

14. 交叉跨越、平行或同杆架设线路工作有哪些注意事项？

答：（1）对危及停电线路作业安全且不能采取相应安全措施的交叉跨越、平行或同杆（塔）架设线路应配合停电。

（2）对同杆（塔）架设的多层电力线路验电时，先验低压，后验高压，先验下层，后验上层，先验近侧，后验远侧。同杆塔架设的多层电力线路接地线的装设，先装设低压，后装设高压，先装设下层，后装设上层，先装设近侧，后装设远侧。拆除接地线的顺序与此相反。

（3）配合停电的交叉跨越或邻近线路，在线路的交叉跨越或邻近处附近应装设接地线，配合停电的同杆（塔）架设线路装设接地线要求与检修线路相同。对于因交叉跨越、平行或邻近带电线路、设备导致检修线路或设备可能产生感应电压时，须加装接地线或使用个人保安线。

15. 作业中哪些危险行为易造成人员触电？

答：（1）设备检修时，工作人员与带电部位的安全距离小于规定安全距离值。

（2）悬挂标示牌和装设遮（围）栏不规范。如标示牌缺少、数量不足或朝向不正确，装设遮（围）栏满足不了现场安全的实际要求等。

（3）高压设备的隔离措施不规范。如遮栏不稳固、高度不足、未加锁等。

（4）对难以做到与电源完全断开的检修设备未采取有效措施。如检修母线侧隔离开关时未将隔离开关母线侧引线带电拆除等。

（5）高压开关柜易误碰有电设备的孔洞，隔离措施不规范。如手车开关的隔离挡板缺失、损坏、封闭不严，封闭式组合电器引出电缆备用孔或母线的终端备用孔未采取隔离措施等。

（6）工作票上安全措施不正确完备。如拉断路器、隔离开关等未拉开，有来电可能的地点漏挂接地线等。

（7）检修设备停电，未能把各方面的电源完全断开。如星形接线设备的中性点隔离开关未拉开，检修设备没有明显断开点，有反送电可能的设备与检修设备之间未断开等。

（8）高压设备名称、编号标志设置不规范、不齐全。如设备标牌脱落、字迹不清、更换名称标牌不及时等。

（9）现场安全交底内容不清楚。如工作负责人布置工作任务时未向工作班成员交代杆塔双重名称及编号，工作班成员登杆前未核对双重称号和标志导致误登带电杆塔触电。

（10）忽视对外协工作人员、临时工的安全交底。如使用少量的外协工作人员、临时工时，未进行安全交底。

（11）检修人员擅自工作或不在规定的工作范围内工作。如无票工作、未经许可工作、擅自扩大工作范围、在安全遮（围）栏外工作等。

（12）杆塔上传递材料时的安全距离不符合要求。如同杆架设多回路单回停电、平行、邻近、交叉带电杆塔上工作传递工器具材料。

（13）平行、邻近、同杆架设线路附近停电作业，接触导线、架空地线时感应电。如未使用个人保安线。

（14）穿越未经接地同杆架设低电压等级线路。

（15）电力检修（施工）作业，未能准确判断电缆运行状态、盲目作业。

（16）电缆接入（拆除）架空线路或开关柜间隔，误登带电杆塔或误入带电间隔。

16. 工作地点需停电的设备有哪些?

答：（1）检修的配电线路或设备。

（2）与检修配电线路、设备相邻且安全距离小于规定的运行线路或设备（10kV 及以下安全距离为 0.35m）。

（3）10kV 以下大于 0.35m 但小于 0.7m 且无绝缘遮蔽或安全遮栏措施的设备。

（4）危及线路停电作业安全且不能采取相应安全措施的交叉跨越、同杆（塔）架设线路。

（5）有可能从低压侧向高压侧反送电的设备。

（6）工作地段内有可能反送电的各分支线（包括用户线路）。

（7）其他需要停电的线路或设备。

17. 线路、设备检修时需要停电的范围有哪些?

答：（1）线路、设备检修，应把工作地段内所有可能来电的电源全部断开。

（2）停电时应拉开隔离开关，手车开关拉至试验或检修位置，使停电的线路和设备各端都有明显断开点。若无法观察到停电线路、设备的断开点，应有能够反映线路、设备运行状态的电气和机械等指示。无明显断开点也无电气、机械等指示时，应断开上一级电源。

（3）对难以做到与电源完全断开的检修线路、设备，可拆除其与电源之间的电气连接。不能在只经断路器（开关）断开但未接地的高压配电线路或设备上工作。

（4）两台及以上配电变压器低压侧共用一个接地引下线时，其中任一台配电变压器停电检修，其他配电变压器也须停电。

（5）高压开关柜前后间隔没有可靠隔离的，工作时同时停电。电气设备直接连接在母线或引线上的，设备检修时将母线或引线停电。

（6）低压配电线路和设备检修，断开所有可能来电的电源（包括解开电源侧和用户侧连接线)，对工作中有可能触碰的相邻带电线路、设备采取停电或绝缘遮蔽措施。

（7）可直接在地面操作的断路器、隔离开关的操作机构加锁，不能直接在地面操作的断路器、隔离开关悬挂“禁止合闸，有人工作！”或“禁止合闸，线路有人工作！”的标示牌。熔断器的熔管摘下或悬挂“禁止合闸，有人工作！”或“禁止合闸，线路有人工作！”的标示牌。

18. 配电线路、设备验电主要有哪些注意事项?

答：（1）配电线路、设备验电应设专人监护。

（2）验电时应使用相应电压等级的接触式验电器或测电笔，在装设接地线或合接地开关处逐相分别验电。室外低压配电线路和设备验电宜使用声光验电器。

（3）验电前验电器应先在有电设备上试验，确保验电器良好；无法在有电设备上试验时，可使用工频高压发生器试验验电器良好。低压验电前应先在低压有电部位上试验，以验证验电器或测电笔良好。

（4）高压验电时，人体与被验电的线路、设备的带电部位保持规定的安全距离。使用伸缩式验电器、绝缘棒拉到位，验电时手握在手柄处，不得超过护环，宜戴绝缘手套。

（5）雨雪天气室外设备宜采用间接验电，若直接验电，使用雨雪型验电器，并戴绝缘手套。对同杆（塔）塔架设的多层电力线路验电，先验低压、后验高压，先验下层、后验上层，先验近侧、后验远侧。作业人员不能越过未经验电、接地的线路对上层、远侧线路验电。

（6）检修联络用的断路器、隔离开关，在两侧验电。低压配电线路和设备停电后，在与停电检修部位或表计电气上直接相连的可验电部位验电。对无法直接验电的设备，应采用间接验电。

19. 如何进行间接验电?

答：对无法直接验电的设备应采用间接验电。通过检查隔离开关的机械位置指示、电气指示、带电显示装置、仪表及各种遥测、遥信等信号的变化，而且至少应有两个非同样原理或非同源的指示发生对应变化，所有这些确定的指示均已同时发生对应变化，才能确认该设备已无电。若进行遥控操作，则应同时检查隔离开关的状态指示、遥测、遥信信号及带电显示装置的指示来判断设备的带电情况。检查中若发现其他任何信号有异常，均须停止操作，待查明原因后方可进行。

20. 配电线路、设备的接地主要有哪些注意事项？

答：（1）配电线路、设备的装、拆接地线应设专人监护。装、拆接地线应使用绝缘棒并戴绝缘手套，人体不得碰触未接地的导线。

（2）当配电线路、设备验明确无电压后，立即将检修的配电线路、设备接地并三相短路。工作地段各端和有可能送电到停电线路工作地段的分支线（包括用户）都要验电、装设工作接地线。配合停电的交叉跨越或邻近线路，在线路的交叉跨越或邻近处附近应装设一组接地线。

（3）在配电线路和设备上，接地线的装设部位是与检修线路和设备电气直接相连去除油漆或绝缘层的导电部分。绝缘导线的接地线装设在验电接地环上。

（4）成套接地线是由透明护套的多股软铜线和专用线夹组成，接地线截面积满足装设地点短路电流的要求，高压接地线的截面积不得小于 $25mm^2$。

（5）装设接地线应先接接地端，后接导体端，拆除接地线的顺序与此相反。接地线应用专用的线夹固定在导体上，不能用缠绕的方法接地或短路，也不能使用其他导线接地或短路。同杆（塔）塔架设的多层电力线路接地线，应先装设低压、后装设高压；先装设下层、后装设上层；先装设近侧、后装设远侧。拆除接地线的顺序与此相反。装设的接地线应采取措施防止接地线摆动。

（6）电缆及电容器接地前应逐相充分放电，星形接线电容器的中性点接地，串联电容器及与整组电容器脱离的电容器逐个充分放电。电缆作业现场应确认检修电缆有一处已可靠接地。

（7）杆塔无接地引下线时，可采用截面积大于 190mm²（如ϕ16 圆钢）、地下深度大于 0.6m 的临时接地体。

21. 在工作地点或检修的设备上需悬挂哪些标示牌和遮栏？

答：（1）在工作地点或检修的配电设备上悬挂“在此工作！”标示牌，配电设备的盘柜检修、查线、试验、定值修改输入等工作，应在盘柜的前后分别悬挂“在此工作！”标示牌。

（2）工作地点有可能误登、误碰的邻近带电设备，应根据设备运行环境悬挂“止步！高压危险”等标示牌。

（3）在一经合闸即可送电到工作地点的断路器和隔离开关的操作处或机构箱门锁把手上及熔断器操作处，悬挂“禁止合闸，有人工作！”标示牌；若线路上有人工作，悬挂“禁止合闸，线路有人工作！”标示牌。

（4）由于设备原因，接地开关与检修设备之间连有断路器（开关），在接地开关和断路器合上后，在断路器的操作处或机构箱门锁把手上，悬挂“禁止分闸！”标示牌。

（5）高压开关柜内手车开关拉出后，隔离带电部位的挡板应可靠封闭，并设置“止步，高压危险！”标示牌。

（6）配电线路、设备检修，在显示屏上断路器或隔离开关的操作处设置“禁止合闸，有人工作！”或“禁止合闸，线路有人工作！”以及“禁止分闸！”标记。

（7）高低压配电站、开关站部分停电检修或新设备安装，在工作地点两旁及对面运行设备间隔的遮栏（围栏）上和禁止通行的过道遮栏（围栏）上悬挂“止步，高压危险！”标示牌。

（8）户外环网柜（箱式变电站）等新设备安装，在工作地点四周装设围栏，其出入口要围至邻近道路旁边，并设有“从此进出！”标示牌。工作地点四周围栏上悬挂适当数量的“止步，高压危险！”标示牌，标示牌朝向围栏外面。

（9）部分停电的工作，小于标准规定距离以内的未停电设备，装设临时遮栏，临时遮栏与带电部分的距离不得小于标准的规定数值。临时遮栏可用坚韧绝缘材料制成，装设牢固，并悬挂“止步，高压危险！”标示牌。

（10）低压开关（熔丝）拉开（取下）后，在适当位置悬挂“禁止合闸，有人工作”或“禁止合闸，线路有人工作”标示牌城区、人口密集区或交通道口和通行道路上施工时，工作场所周围装设遮栏（围栏），并在相应部位装设警告标示牌。必要时，派人看管。

（11）在城区、人口密集区地段或交通路口上工作时，工作地段周围设置遮栏，并向外悬挂“止步，高压危险！”标示牌。

（12）高压配电设备做耐压试验时应在周围设围栏，围栏上向外悬挂适量数量的“止步，高压危险！”标示牌。

（13）作业人员不能擅自移动、拆除遮栏（围栏）、标示牌。因工作原因需短时移动或拆除遮栏（围栏）、标示牌时，应有人监护，完毕后立即恢复。作业人员也不能跨越遮栏。

22. 砍剪树木有哪些注意事项？

答：（1）砍剪靠近带电线路的树木（见图 3–1），工作负责人在工作开始前，应向全体作业人员说明电力线路有电；人员、树木、绳索与导线保持规定的安全距离。如树木接触或接近高压带电导线时，应将高压线路停电，并根据现场情况增设专职监护人。

图 3–1　砍剪靠近带电线路树木

（2）待砍剪的树木下方和倒树范围内不得有人逗留，城区、人口密集区应设围栏，防止砸伤行人。为防止树木（树枝）倒落在线路上，使用绝缘绳索将其拉向与线路相反的方向，绳索有足够的长度和强度，以免拉绳的人员被倒落的树木砸伤。

（3）砍剪山坡树木做好防止树木向下弹跳接近线路的措施。砍剪树木时，防止马蜂等昆虫或动物伤人。上树时，应使用安全带，安全带不能系在待砍剪树枝的断口附近或以上。作业人员不能攀抓脆弱和枯死的树枝，不能攀登已经锯过或砍过的未断树木。

（4）风力超过 5 级时，不宜砍剪高出或接近带电线路的树木。使用油锯和电锯的修剪作业，应由熟悉机械性能和操作方法的人员操作，使用时应先检查所能锯到的范围内有无铁钉等金属物件，以防金属物体飞出伤人。

23. 低压电气停电工作主要有哪些注意事项？

答：（1）低压电气停电工作前，用低压验电器或测电笔检验检修设备、金属外壳和相邻设备是否有电。

（2）当验明检修的低压配电线路、设备确无电压后，将所有相线和零线接地并短路，如无法装设接地线，应做好绝缘遮蔽或在断开点加锁，悬挂“禁止合闸，有人工作！”或“禁止合闸，线路有人工作！”的标示牌。

（3）低压电气工作，应采取防止误入相邻间隔、误碰相邻带电部分的措施，拆开的引线、断开的线头应采取绝缘包裹等遮蔽措施。

24. 电缆沟（槽）开挖主要有哪些注意事项？

答：（1）电缆沟（槽）开挖前，应先查阅图纸，依据图纸开挖样洞（沟），摸清地下管线分布情况，确定电缆敷设的具体位置，确保不损伤运行电缆和其他地下管线设施。

（2）为防止损伤运行电缆或其他地下管线设施，在城市道路红线范围内不宜使用大型机械开挖沟（槽），硬路面面层破碎可使用小型机械设备。

（3）作业人员进入沟槽作业必须佩戴安全帽。沟（槽）开挖时，应将路面铺设材料和泥土分别堆置，堆置处和沟（槽）之间保留通道供施工人员正常行走。在堆置物堆起的斜坡上不得放置工具、材料等器物。

（4）沟（槽）开挖深度达到 1.5m 及以上时，应采取措施防止土层塌方。在道路进行沟槽开挖时，应做好防止交通事故的安全措施。施工区域用标准路栏等进行分隔，并设明显标记，夜间施工人员佩戴反光标志，施工地点加挂警示灯，以防行人或车辆等误入。

（5）在下水道、煤气管线、潮湿地、垃圾堆或有腐殖物等附近挖沟（槽）时，应设监护人。在挖深超过 2m 的沟（槽）内工作时，应采取安全措施，如戴防毒面具、向沟（槽）送风和持续检测等。监护人须密切注意挖沟（槽）人员，防止煤气、硫化氢等有毒气体中毒及沼气等可燃气体爆炸。

（6）当挖到电缆保护板时，由有经验的人员在场指导，方可继续进行。挖出的电缆或接头盒，如下面需要挖空时，应采取悬吊保护措施，不得使接头盒受到拉力。若电缆接头无保护盒，则应在接头下面垫上加宽长木板，方可悬吊。电缆悬吊时，不得用铁丝或钢丝等，以免损伤电缆护层或绝缘。

25. 移动电缆接头主要有哪些注意事项？

答：移动电缆接头一般停电进行。若必须带电移动，须先调查该电缆的历史记录，由有经验的施工人员，在专人统一指挥下，平正移动。

26. 开断电缆主要有哪些注意事项？

答：（1）开断电缆前，与电缆走向图核对相符，使用仪器确认电缆无电，找准要开断的电缆。

（2）开断电缆前，应先清理沟内所有电缆，对各条电缆做好相应标记。人工排查电缆时，用清水洗净电缆上的淤泥，从电缆开断点分别向送受电侧方向排查，必须排查到与电缆连接的开关。

（3）开断电缆前，必须确认电缆无电后，扶绝缘柄的人戴绝缘手套，站在绝缘垫上，并采取防灼伤措施扶好接地的带绝缘柄的铁钎，钉入电缆芯后，方可工作。

（4）使用远控电缆割刀开断电缆时，刀头可靠接地，周边其他施工人员临时撤离，远控操作人员与刀头保持足够的安全距离，防止弧光和跨步电压伤人。

（5）电缆开断后，应认真核对电缆两端的相位，并做好标识，电缆修复后必须进行带电核相。

27. 跌落式熔断器与电缆头之间作业主要有哪些注意事项？

答：（1）宜加装过渡连接装置，使作业时能与熔断器上桩头有电部分保持安全距离。跌落式熔断器上桩头带电，需在下桩头新装、调换电缆终端引出线或吊装、搭接电缆终端头及引出线时，使用绝缘工具，并采用绝缘罩将跌落式熔断器上桩头隔离，在下桩头加装接地线。

（2）作业时，作业人员站在低位，伸手不得超过跌落式熔断器下桩头，并设专人监护，禁止雨天进行以上工作。

28. 电力电缆试验主要有哪些注意事项？

答：（1）电缆耐压试验前，应先对被试电缆充分放电。加压端采取措施防止人员误入试验场所，另一端设置遮栏（围栏）并悬挂警告标示牌。若另一端是上杆的或是开断电缆处，派人看守。

（2）电缆试验需拆除接地线时，在征得工作许可人的许可后（根据调控人员指令装设的接地线，征得调控人员的许可）方可进行，工作完毕后立即恢复。

（3）电缆试验过程中需更换试验引线时，作业人员先戴好绝缘手套对被试电缆充分放电。电缆耐压试验分相进行时，另两相电缆可靠接地。

（4）电缆试验结束，对被试电缆充分放电，并在被试电缆上加装临时接地线，待电缆终端引出线接通后方可拆除。

29. 电缆本体检修主要包括哪些内容？

答：（1）电缆是否存在过度弯曲、过度拉伸外部损伤等情况，充油电缆是否存在渗漏油情况。电缆抱箍、电缆夹具和电缆衬垫是否存在锈蚀、破损、缺失、螺栓松动等情况。电缆的蠕动变形，是否造成电缆本体与金属件、构筑物距离过近。电缆防火设施是否存在脱落、破损等情况。

（2）电缆外护套及内衬层绝缘电阻测量，电缆外护套直流耐压，电缆主绝缘电阻测量，橡塑电缆主绝缘交流耐压试验等。

30. 电缆终端检修主要包括哪些内容？

答：（1）绝缘套管有无破损、污秽，套管外绝缘有无污秽及放电痕迹，清扫或复涂 RTV。

（2）支柱绝缘子有无破损、污秽，检测上、下端面是否水平，绝缘电阻是否满足要求。

（3）油补偿装置有无破损、有无渗漏油情况，检查油压是否正常，油压表是否正常。

（4）设备线夹有无异常，是否有弯曲、氧化灼伤等情况。紧固螺栓是否存在锈蚀、松动、螺帽缺失等情况，恢复搭接。

（5）终端基础、支架基础是否存在沉降、倾斜，终端支架是否存在锈蚀、破损、部件缺失，围栏、围墙是否存在破损、倒塌、部件缺失，终端下方电缆保护管是否存在破损、封堵材料缺失等情况。

31. 电缆接头及附属设备检修主要包括哪些内容？

答：（1）电缆接头有无异常，电缆接头两侧伸缩节有无明显变化。电缆接头托架、夹具有无偏移、锈蚀、破损、部件缺失等，电缆接头防火设施是否完好。

（2）避雷器有无破损、污秽，无异物附着，套管外绝缘有无污秽及放电痕迹，均压环无错位。设备线有无异常，是否有弯曲、氧化，紧固螺栓是否存在锈蚀、松动、螺帽缺失等，恢复搭接。直流 1mA 电压（U_{1mA}）及在 $0.75U_{1mA}$ 下漏电流测量，避雷器底座绝缘电阻测量，放电计数器功能检查、电流表校验，计数器上引线绝缘检查等。

（3）接地箱、交叉互联箱的箱体、基础、支架外观，接地箱、交叉互联箱内部电气连接及护层过电压限制器外观，接地电缆、同轴电缆、回流线，检查接地极等。核对交叉互联接线方式，电缆外护套、绝缘接头外护套、绝缘夹板对地直流耐压试验，护层过电压限制器及其引线对地绝缘电阻测量，接地极接地电阻测量等。

（4）通风设施的风机转动是否正常，风机排风效果是否正常，校验各监测表计的准确性。

（5）排水设施的水泵是否正常运转，自起动模式是否正常。

（6）照明设施的照明灯具是否正常，消防设施的消防器具使用寿命是否正常，消防设备的完整性，火灾报警系统是否正常工作。

32. 电缆通道及附属设施检修主要包括哪些内容？

答：（1）电缆直埋覆土深度是否足够，电缆保护板有无破损、缺失。

（2）电缆排管预留管孔淤塞是否通畅，排管覆土深度是否足够；保护板是否破损、缺失；排管包封是否破损、开裂；地基是否沉降、坍塌或水平位移等。

（3）电缆沟道的沟盖板是否平整有无破损、缺失，电缆沟结构是否破损、开裂、坍塌，地基是否沉降、坍塌或水平位移。

（4）电缆隧道本体是否有裂缝，隧道通风亭有无破损，隧道爬梯有无锈蚀、破损、部件缺失。

（5）电缆桥架基础有无沉降、倾斜、坍塌，桥架基础覆土是否流失，桥架主材有无锈蚀、破损、部件缺失，桥架遮阳设施是否损坏，桥架是否倾斜，桥梁本体是否倾斜、断裂、坍塌或拆除。

（6）电缆工作井井盖是否不平整、破损、缺失；工作井结构有无破损、开裂、坍塌；地基有无沉降、坍塌或水平位移。

（7）电缆金属支架有无锈蚀、破损、部件缺失，是否接地不良。复合材料支架是否老化，支架固定装置是否松动、脱落。

（8）标识标牌是否锈蚀、老化、破损、缺失，字体是否模糊，内容是否不清。

33. 架空线路检修主要包括哪些内容？

答：（1）导线完好，无破损、异物，绝缘导线绝缘层完好、无开裂、破损现象，绝缘罩完好无缺失。线夹内导线无闪络、放电、灼烧痕迹，铝包带完好，线夹连接紧固。调整弧垂时，进行应力计算，并根据导地线型号、牵引张力正确选用工器具和设备。

（2）绝缘子各连接金属销无脱落、锈蚀，钢帽、钢脚有无偏斜、裂纹、变形或锈蚀现象。瓷质（玻璃、瓷棒）绝缘子无闪络、裂纹、灼伤、破损等痕迹，复合绝缘子无伞裙损伤、端部密封不良等情况，瓷质（玻璃）绝缘子停电清扫逐片进行，对污秽严重的绝缘子使用清洗剂擦拭。

（3）金具无变形、锈蚀、松动、开焊、裂纹，连接处转动灵活，各种金具的销子齐全、完好。横担、铁件无等松动、无锈蚀、变形、歪斜。

（4）防鸟器、防雷金具、故障指示器等完好，无破损。

34. 柱上真空开关检修主要包括哪些内容？

答：（1）开关本体外壳无锈蚀、变形，电气连接处连接牢固、无过热及氧化现象。开关动作次数记录满足厂家要求，开关固定牢固，无下倾，支架无歪斜、松动，线间和对地距离符合规定。

（2）套管（支持绝缘子）外观无异常，高压引线、接地线连接正常，支柱绝缘子无破损、无异物，套管外绝缘无污秽及放电痕迹。

（3）隔离开关电气连接处连接牢固、无过热及氧化现象，连续操作 3 次顺畅，闭合到位。外观无破损、污秽、锈蚀现象，支持绝缘子无污秽。

（4）操作机构连续操作 3 次指示和实际一致，操作顺畅，外观无锈蚀。

（5）绝缘电阻试验，开关本体、隔离开关及套管绝缘电阻试验 20℃时绝缘电阻不低于 300MΩ，电压互感器绝缘电阻试验 20℃时电气一次绝缘电阻不低于 1000MΩ，电气二次绝缘电阻不低于 10MΩ。

35. 柱上 SF_6 开关检修主要包括哪些内容？

答：（1）套管（支持绝缘子）外观无异常，高压引线、接地线连接正常，支柱绝缘子无破损、无异物，套管外绝缘无污秽及放电痕迹。

（2）开关本体外壳无锈蚀、变形，电气连接处连接牢固，无过热及氧化现象。开关动作次数记录满足厂家要求，开关固定牢固，无下倾，支架无歪斜、松动，线间和对地距离符合规定。

（3）隔离开关电气连接处连接牢固、无过热及氧化现象，连续操作 3 次顺畅，闭合到位。外观无破损、污秽、锈蚀现象。

（4）操作机构状态正常，合、分指示正确。操作是否卡涩，对操作机构机械轴承等部件进行润滑，检查外观是否锈蚀。

（5）绝缘电阻试验，开关本体、隔离开关及套管绝缘电阻试验 20℃时绝缘电阻不低于 300MΩ，电压互感器绝缘电阻试验 20℃时电气一次绝缘电阻不低于 1000MΩ，电气二次绝缘电阻不低于 10MΩ。

（6）检查气压表指示位置气压表指示在正常范围内。

36. 跌落式熔断器检修主要包括哪些内容？

答：（1）外观有无影响安全运行的异物，高压引线是否正常，线间和对地距离符合规定。支柱绝缘子有无破损、裂纹，有无污秽及放电痕迹，支架有无歪斜、松动，紧固螺栓、螺母，更换磨损或腐蚀部件。

（2）触头等电气连接处是否紧固，有无因电弧、机械负荷等作用出现的破损或烧损及热氧化现象，熔丝管有无灼烧、涨股现象，灭弧罩有无破损。

（3）连续操作两次闭合是否到位。检查操作是否卡涩，有无异常声音，并对操作机构机械轴承等部件进行润滑，检查是否锈蚀。

（4）设备标识和警示标识齐全、清晰、准确。

37. 避雷器检修主要包括哪些内容？

答：（1）外表面有无影响安全运行的异物，无污秽、破损、变形、裂纹和电蚀痕迹。表面清洁、高压引线连接正常，脱扣器无掉落。

（2）绝缘电阻试验，20℃时绝缘电阻不低于 1000MΩ 采用 2500V 绝缘电阻表。

（3）泄漏电流试验，直流参考电压（U_{1mA}）及在交流耐压 $0.75U_{1mA}$ 下泄漏电流测量。

38. 柱上电容器检修主要包括哪些内容？

答：（1）清扫或更换闪络、裂纹、破损和严重脏污的绝缘件，支架是否牢固，紧固螺栓、螺母，更换磨损或腐蚀部件。

（2）触头等电气连接处是否紧固，有无因电弧、机械负荷等作用出现的破损或烧损及热氧化现象。更换烧毁或过热的熔丝，更换渗漏、胀、锈蚀电容。

（3）操作机构状态是否正常，闭合到位，操作是否卡涩，有无异常声音，并对操作机构机械轴承等部件进行润滑。

（4）设备标识和警示标识是否齐全、清晰、准确。

（5）绝缘电阻试验，电容器本体及套管绝缘电阻试验 20℃时高压并联电容器极对壳绝缘电阻不小于 2000MΩ，与同类电容器相比无显著差异。电容量测量初值差不超出–5%～+5%范围（警示值）。

39. 配电变压器检修主要包括哪些内容？

答：（1）外观、油位、呼吸器、对地距离、测温装置是否正常，擦拭配电变压器外壳、泄油阀。

（2）绕组及套管绝缘电阻测试初值差不小于 30%，非电量保护装置绝缘电阻测试绝缘电阻不低于 1MΩ，绕组各分接位置电压比初值差不超过±0.5%。

（3）呼吸器干燥剂（硅胶）检查，硅胶有无变色。

（4）冷却系统的风扇运行是否正常，出风口和散热器有无异物附着或严重积污。

40. 开关柜检修主要包括哪些内容？

答：（1）外观有无异常、绝缘子擦拭，有无放电声音，标识牌和设备命名是否正确，照明是否正常，试验带电显示器，检查凝露状况。

（2）操动机构状连续操作两次，合、分指示是否正确。

（3）检查蓄电池是否正常，检查仪表显示是否正常。

（4）构架、基础有无裂缝、渗漏水。

（5）开关本体、避雷器、TV、TA 绝缘电阻测量，交流耐压试验断路器试验。

（6）动作特性及操动机构检查和测试合闸在额定电压的85%～110%范围内可靠动作，分闸在额定电压的 65%～110%（直流）可靠动作，当低于额定电压的30%时，脱扣器不脱扣。储能电动机工作电流及储能时间检测，检测结果符合设备技术文件要求。电动机能在 5%～110%的额定电压下可靠工作。开关分合闸时间、速度、同期、弹跳符合设备技术文件要求。

（7）检查气体压力表值，SF_6 压力表。连跳、五防装置连续操作三次。

41. 配电终端及直流电源设备检修主要包括哪些内容？

答：（1）设备表面是否清洁，有无裂纹和缺损。二次端子排接线部分有无松动，柜门关闭是否良好，有无锈蚀、积灰，电缆进出孔封堵是否完好。

（2）交直流电源、直流电源蓄电池、终端设备运行工况、各指示灯信号、二次安全防护设备运行是否正常；检查有无工况退出站点，有无遥测、遥信信息异常情况；检查直流电源箱、直流屏各项指示灯信号是否正常，开关位置是否正确，液晶屏显是否正常。

（3）通信是否正常，能否接收主站发下来的报文；遥测数据是否正常，遥信位置是否正确；对终端装置参数定值等进行核实及时校对，做好相关数据的常态备份工作。

（4）设备的接地是否牢固可靠，终端装置电缆线头的标号是否清晰正确、有无松动。

第四章 带电作业

1. 带电作业有哪些特点?

答：(1) 带电作业不影响系统的正常运行，不需倒闸操作，不需改变运行方式，因此不会造成用户停电，可以多供电，提高经济效益和社会效益。对一些需要带电进行监测的工作可以随时进行，并可实行连续监测，有些监测数据比停电监测更为真实可靠，而且带电作业效率高，不受停电时间限制。

(2) 带电作业是一种不停电的检修作业，是一项特殊的作业方式，是在高空和强电场条件下进行的作业。因此，应对外界条件加以限制，如气象条件、运行方式等，还需根据设备特点、电压等级等使用专用的绝缘工器具，防止高电压、强电场、大电流对人体的伤害。

2. 带电作业人员资质如何管理?

答：参加带电作业的人员应经过专业培训，考试合格取得资格并经单位书面批准后，方能参加相应的作业。带电作业人员应保持相对稳定，操作带电作业用斗臂车等车辆的人员同样应经培训、考试合格后、持证上岗。带电作业人员不宜与其他专业带电作业人员、停电检修作业人员混岗。

3. 哪些天气条件不宜进行带电作业?

答：带电作业应在良好天气下进行，如遇雷电（听见雷声、看见闪电）、雪、雹、雨、雾等恶劣天气不开展带电作业。风力大于5级或湿度大于80%时，一般不宜进行带电作业。当湿度大于80%时一定要开展带电作业，应使用防潮绝缘工具。在特殊情况下，必须在恶劣天气开展带电抢修时，应针对现场气候条件和工作条件，组织相关人员充分讨论并编制必要的安全措施，经本单位批准后实施。

4. 气温对带电作业安全有哪些影响？

答：（1）气温对人体素质产生影响。气温过高，人体大量出汗，易引起中暑、烫伤或妨碍视线；气温过低，会影响作业人员体能的发挥和操作的灵活性与准确性。由于南方与北方气候田间的差异较大，作业人员对气温的适应程度各不相同，确定带电作业极限气温和作业时应因地制宜。

（2）使用带电作业工具和安全防护用具时，应考虑气温对使用载荷及安全防护用具透气性、保暖性的影响，以便根据适当的气温条件使用安全、轻便、使用的带电作业工具和安全防护用具。

5. 风力对带电作业安全有哪些影响？

答：（1）风力增加操作难度。风力过大影响间接操作的准确性，使各种绳索难以控制，还会给作业人员与工作负责人上下传递信息造成困难。

（2）风力降低安全水平。过大的风力会增加绝缘斗的摇摆幅度，还会增加工具承受的机械荷重，改变杆塔的净空尺寸，风向和风力会改变电弧延伸方向和延伸长度。

（3）风力影响检修效果。风力直接影响水冲洗的效果，风力过大，还会降低涂硅油的效果。因此特别对风力级别做出了限制。

6. 雷电对带电作业安全有哪些影响？

答：判断带电作业现场附近是否有雷电活动，是保证带电作业安全的前提，由于雷电过电压的数值较高，直击雷过电压的数值达到线路额定电压的 16 倍，会对带电作业人员造成危害，即使满足安全距离也不能保证不发生危险。所以，带电作业现场听见雷声或看到闪电时，应注意雷电活动是否影响到带电作业现场，并及时采取可靠的安全措施。

7. 雨、雪、雾和湿度对带电作业安全有哪些影响？

答：（1）雨水淋湿绝缘工具时电流会增大，并引发绝缘闪络或烧损，发生人身或设备事故，所以不仅应严禁在雨天进行带电作业，而且还应要求工作负责人对作业现场是否会突发降雨有足够的预见性，以便及时采取果断措施中断带电作业。

（2）降雪不及时融化的季节，一般对绝缘工具的影响较小，因为雪是晶体不导电，所以带电作业过程中发生降雪是可以将绝缘工具撤除带电体。降雪及时融化的季节，雪会很快融化成冰，与空气中的杂质混合在一起，降低绝缘的效果甚至比雨水还要严重，一旦作业中突降黏雪，工作负责人应按降雪情况应急处理。

（3）雾的成分主要是水珠，对绝缘工具的影响与雨水类似，只不过是绝缘工具受潮的速度缓慢一些，所有雾天不得带电作业。

当湿度大于80%时，将降低绝缘工具的绝缘性能，故不宜开展带电作业。如需进行必须使用防潮型绝缘工具。

8. 带电作业专责监护人需注意哪些事项？

答：带电作业应设专责监护人。监护人不直接操作。监护的范围不超过一个作业点，复杂或高杆塔作业时需增设（塔上）监护人。

9. 如何进行低压带电工作？

答：（1）低压带电工作时，采取遮蔽有电部分等防止相间或接地短路的有效措施，若无法采取遮蔽措施时，将影响作业的有电设备停电。

（2）使用有绝缘柄的工具，其外裸的导电部位采取绝缘措施，防止操作时相间或相对地短路。低压电气带电工作戴手套、护目镜，并保持对地绝缘。不使用锉刀、金属尺和带有金属物的毛刷、毛掸等工具。

（3）作业前，先分清相线、零线，选好工作位置。断开导线时，先断开相线，后断开零线。搭接导线时，顺序相反。人体不同时接触两根线头。

10. 带电作业绝缘隔离措施需注意哪些事项？带电作业过程中突然停电如何处理？

答：带电作业绝缘隔离措施实施时，按先近后远、先下后上的顺序进行，拆除时顺序相反。装、拆绝缘隔离措施时逐相进行。在带电作业过程中如遇设备突然停电，作业人员视设备仍然带电，工作负责人尽快与调度联系，值班调度员未与工作负责人取得联系前不强送电。

11. 带电作业为什么需事先退出线路重合闸？停用重合闸有哪些作用？

答：（1）由于电网运行中存在一些变化因素可能会影响带电工作计划的实施，因此只有在带电工作开始前取得调度部门的许可命令，才能按实际实施保证安全的技术措施。另外作业时如果出现失误引起线路跳闸，此时的重合闸可能会扩大事故，所以带电作业前需要停用线路重合闸。

（2）停用线路重合闸对带电作业人员起到很好的后备保护作用。首先避免线路外过电压和内过电压对带电作业绝缘强度和安全距离的冲击，其次可以起到对自身差错造成事故的后备保护作用，防止事故后果扩大化。

12. 带电作业有哪些项目分类？

答：（1）第一类为临近带电体作业和简单绝缘杆作业法项目。临近带电体作业项目包括修剪树枝、拆除废旧设备及一般缺陷处理等；简单绝缘杆作业法项目包括清除异物、断接引线等。

（2）第二类为简单绝缘手套作业法项目，包括断接引线，更换直线杆绝缘子及横担，不带负荷更换柱上开关设备等。

（3）第三类为复杂绝缘杆作业法和复杂绝缘手套作业法项目。复杂绝缘杆作业法项目包括更换直线绝缘子及横担等，复杂绝缘手套作业法项目包括带负荷更换柱上开关设备、直线杆改耐张杆、带电撤立杆等。

（4）第四类为综合不停电作业项目，包括直线杆改耐张杆并加装柱上开关或隔离开关、柱上变压器更换、旁路作业等。

13. 什么是地电位作业法及原理？什么是等电位作业法及原理？什么是中间电位法及原理？

答：（1）地电位作业法是作业人员保持人体与大地（杆塔）同一电位，通过绝缘工具接触带电体的作业。原理为人体处于地电位状态下，使用绝缘工具间接接触带电设备，达到检修的目的。

（2）等电位作业法是作业人员保持与带电体（导线）同一电位的作业。原理为根据欧姆定律，当人体同时接触有电位差的物体时，人体中就没有电流通过，所以等电位是安全的。

（3）中间电位法是在地电位作业法和等电位作业法不便采用的情况下，介于两者之间的一种作业法。此时人体的电位是介于地电位和带电体电位之间的某一悬浮电位，要求作业人员既要保持对带电体有一定的距离，又要保持对大地有一定的距离。原理为人体处于接地体和带电体之间的电位状态，使用绝缘工具间接接触带电设备来达到检修的目的。

14. 什么是间接作业和直接作业？

答：（1）间接作业是作业人员不直接接触带电体，保持一定的安全距离，利用绝缘工具直接对高压电气设备、设施进行的作业。从操作方法看，地电位和中间电位作业法等都属于间接作业。

（2）直接作业是作业人员直接接触带电体的作业，配电线路直接作业法是作业人员穿戴全套绝缘防护用具直接对带电体开展，也称为全绝缘作业法，这种作业法与等电位作业法不同。

15. 带电作业工器具及车辆如何管理？

答：（1）购置带电作业工器具选择具备生产资质的厂家，产品通过型式试验，并按带电作业有关技术标准和管理规定进行出厂试验、交接试验，试验合格后方可投入使用。自行研制的带电作业工器具，必须经具有资质的单位进行相应的电气、机械试验，合格后方可使用。

（2）带电作业工器具设专人管理，并做好登记、保管工作。带电作业用工器具有唯一的永久编号，不得出现相同的编号，建立工器具台账，包括名称、编号、购置日期、有效期限、适用电压等级，试验记录等内容，台账与试验报告、试验合格证一致，使用前应先进行检查。

（3）带电作业工器具放置于专用工具柜或库房内。工具柜具有通风、除湿等功能且配备温度表、湿度表。带电作业绝缘工器具若在湿度超过80%环境使用或移出库房超过4h，宜使用移动库房或智能工具柜等设备，防止绝缘工器具受潮。

（4）带电作业用工器具运输过程中，装在专用工具袋、工具箱或移动库房内，防止受潮和损坏。发现绝缘工具受潮或表面损伤、脏污时，及时处理并经检测或试验合格后方可使用。

（5）斗臂车存放在干燥通风的专用车库内，长时间停放时将支腿支出，斗臂车定期维护、保养、试验。

16. 在绝缘平台或绝缘梯上采用绝缘杆作业法时，绝缘防护措施如何设置？

答：在绝缘平台或绝缘梯上采用绝缘杆作业法时，作业人员站在绝缘梯或绝缘平台的合适位置，系上安全带，保持与带电体足够的安全距离，作业人员采用绝缘夹钳、绝缘锁杆等进行操作。

在绝缘平台或绝缘梯上采用绝缘杆作业法时，相地间绝缘梯或绝缘平台与绝缘工具形成的组合绝缘是主绝缘，绝缘手套、绝缘鞋是辅助绝缘，相与相间空气间隙是主绝缘，绝缘遮蔽罩是辅助绝缘。

17. 在绝缘平台或绝缘梯上采用绝缘手套作业法时，绝缘防护措施如何设置？

答：在绝缘平台或绝缘梯上采用绝缘手套作业法时，作业人员站在绝缘梯或绝缘平台的合适位置，系上安全带，作业人员穿戴全套绝缘防护直接对带电体进行操作。

在绝缘平台或绝缘梯上采用绝缘手套作业法时，相地间绝缘平台或绝缘梯是主绝缘，绝缘防护用具是辅助绝缘。绝缘遮蔽用具及全套绝缘防护用具，可防止作业人员偶然触及带电体和接地体造成的电击，形成后备保护。在相与相间的空气间隙是主绝缘，绝缘遮蔽罩用具、全套绝缘防护用具是辅助绝缘。

18. 什么叫带电作业的危险率和事故率?

答：（1）带电作业的危险率是指作业人员与带电体间保持空气间隙，在系统过电压作用下发生放电的概率。

（2）带电作业的事故率是指因操作过电压引发的事故概率，并不包括带电作业中发生其他事故的概率。

19. 什么是带电作业的安全距离?

答：防止过电压伤害的根本手段就是在不同电位的物体（包括人体）之间保持必要的距离，称为安全距离。带电作业安全距离是指为了保证设备和人身安全，作业人员与带电体之间所保持各种最小间隙距离的总称。

20. 什么是带电作业的有效绝缘长度？与安全距离有何区别?

答：带电作业时所使用的绝缘工具，作业人员扣除手持部位和金属部位剩余的部位应有足够安全裕度的最小绝缘长度，称为有效绝缘长度。

带电作业的安全距离和有效绝缘长度都是关于绝缘的安全标准，不同之处在于安全距离是对空气绝缘而言，有效绝缘长度是对固体绝缘而言。

21. 什么是最小安全距离、最小对地安全距离、最小相间安全距离和最小安全作业距离?

答：（1）最小安全距离是地电位作业人员与带电体之间应保持的最小距离，10kV 电压等级的配电线路带电作业最小安全距离为 0.4m。

（2）最小对地安全距离是带电体上的作业人员与周围接地体

之间应保持的最小距离，10kV 电压等级的配电线路带电作业最小对地安全距离为 0.4m。

（3）最小相间安全距离是带电体上的作业人员与邻近带电体之间应保持的最小距离，10kV 电压等级的配电线路带电作业最小相间安全距离为 0.6m。

（4）最小安全作业距离是指在带电线路杆塔上进行不直接或间接接触带电体工作时，地电位作业人员与带电体之间应保持的最小距离，10kV 电压等级的配电线路带电作业最小安全作业距离为 0.7m。

第五章　起重运输和高空作业

1. 起重设备操作人员和指挥人员上岗有哪些条件？

答：（1）起重设备的操作人员和指挥人员应经专业技术培训，并经实际操作及有关安全规程考试合格，取得合格证后方可独立上岗作业，其合格证种类应与所操作（指挥）的起重设备类型相符。起重设备作业人员在作业中应严格执行起重设备的操作规程和有关安全规章制度。

（2）重大物件的起重、搬运工作应由有经验的专人负责，作业前应进行技术交底。起重搬运时只能由一人统一指挥，必要时可设置中间指挥人员传递信号，起重指挥信号应简明、统一、畅通，分工明确。

2. 起吊重物主要有哪些注意事项？

答：（1）起吊重物前，由起重工作负责人检查悬吊情况及所吊物件的捆绑情况，确认可靠后方可试行起吊。

（2）起吊重物稍离地面（或支持物），再次检查各受力部位，确认无异常情况后方可继续起吊。起吊物件应绑扎牢固，若物件有棱角或特别光滑的部位时，在棱角和滑面与绳索（吊带）接触处加以包垫。起重吊钩应挂在物件的重心线上。起吊电杆等长物件应选择合理的吊点，并采取防止突然倾倒的措施。

（3）在起吊、牵引过程中，受力钢丝绳的周围、上下方、转向滑车内角侧、吊臂和起吊物的下面，禁止有人逗留和通过。作业时，起重机置于平坦、坚实的地面上，不得在暗沟、地下管线等上面作业，无法避免时，应采取防护措施。起重机臂架、吊具、辅具、钢丝绳及吊物等与架空输电线路及其他带电体的距离保持安全距离。

（4）起重设备长期或频繁地靠近架空线路或其他带电体作业

时，应采取隔离防护措施。在带电设备区域内使用起重机等起重设备时，安装接地线并可靠接地，接地线应用多股软铜线，其截面积不得小于 $16mm^2$。不能用起重机起吊埋在地下的不明物件，与工作无关人员不得在起重工作区域内行走或停留，吊物上不得站人，作业人员不能利用吊钩来上升或下降。

3. 哪些情况下不能进行起重作业？

答：（1）斜吊不吊。

（2）超载不吊。

（3）散装物装的太满或捆扎不牢不吊。

（4）指挥信号不明不吊。

（5）吊物边缘锋利且无防护措施不吊。

（6）吊物上站人不吊。

（7）埋在地下的构件不吊。

（8）安全装置失灵不吊。

（9）光线阴暗看不清吊物不吊。

（10）风力六级以上强风不吊。五级以上，受风面积较大的物体不吊。

4. 装运、卸电杆等物件主要有哪些注意事项？

答：（1）搬运的过道应平坦畅通，夜间搬运应有足够的照明。若需经过山地陡坡或凹凸不平之处，预先制定运输方案，采取安全措施。

（2）装运电杆、变压器和线盘应绑扎牢固，并用绳索绞紧。水泥杆、线盘的周围应塞牢，防止滚动、移动伤人。运载超长、超高或自重大物件时，物件重心应与车厢承重中心基本一致，超长物件尾部应设标志。禁止客货混装。

（3）装卸电杆等物件应采取措施，防止散堆伤人。分散卸车时，每卸一根之前，须防止其余杆件滚动。每卸完一处，应将车上其余的杆件绑扎牢固后，方可继续运送。

（4）使用机械牵引杆件上山时，须将杆身绑牢，钢丝绳不得接触岩石或坚硬地面，牵引路线两侧5m以内，不得有人逗留或通过。

（5）多人抬杠应同肩，步调一致，起放电杆时应相互呼应协调。重大物件不得直接用肩扛运，雨、雪后抬运物件时应有防滑措施。

（6）用管子滚动搬运须由专人负责指挥。管子承受重物后两端应各露出约30cm，以便调节转向。手动调节管子时，应注意防止压伤手指。上坡、下坡均应对重物采取防止下滑的措施。

5. 高处作业主要有哪些注意事项？

答：（1）高处作业前应检查脚扣、安全带、梯子等完整牢固。

（2）高处作业人员的安全带拴在主材或牢固的结构上，不能拴在移动或不牢固的物件上。

（3）高处作业人员在作业过程中，随时检查安全带是否拴牢，在转移作业位置时不得失去安全保护。

（4）低温或高温环境下高处作业，应采取保暖和防暑降温措施，作业时间不宜过长。

（5）在屋顶及其他危险的边沿工作，临空一面应装设安全网。

6. 高处作业如何防止落物伤人？

答：（1）高处作业时，除有关人员外，其他人均不能在工作地点的下面通行或逗留，工作地点下面设有遮栏（围栏）或装设其他保护装置，防止落物伤人。

（2）若在格栅式的平台上工作，采取有效隔离措施，如铺设木板等。

（3）高处工作应一律使用工具袋。较大的工具应用绳拴在牢固的构件上，不准随便乱放，以防止从高空坠落发生事故上下层同时进行工作时，中间应搭设严密牢固的防护隔板，罩棚或其他隔离设施，作业人员必须戴安全帽。

7. 安全带使用时主要有哪些注意事项？

答：（1）安全带在使用前应进行外观检查，商标、合格证和检验证等标识清晰完整，各部件完整无缺失、无伤残破损。腰带、肩带等带体无灼伤、脆裂及霉变，表面没有明显磨损及切口；金属配件表面光洁，无裂纹、无严重锈蚀和目测可见的变形，金属环类零件没有留有开口，金属挂钩等连接器有保险装置，操作灵活可靠。

（2）安全带穿戴好后应仔细检查连接扣或调节扣，确保各处绳连接牢固。在电焊作业或其他有火花、熔源等场所不能使用普通的安全带或安全绳，应使用有隔热防磨套的安全带或安全绳。

（3）安全带的挂钩或绳子应挂在结实牢固的构件上，或专为挂安全带用的钢丝绳上，并采用高挂低用的方式。不能挂在移动或不牢固的物件上。

8. 高处作业使用梯子时主要有哪些注意事项？

答：（1）梯子应坚固完整，有防滑措施。梯子的支柱能承受攀登时作业人员及所携带的工具、材料的总质量。

（2）单梯的横档嵌在支柱上，并在距梯顶 1m 处设限高标志。使用单梯工作时，梯与地面的斜角度约为 60°。

（3）梯子不得接长或垫高使用，如需接长时，可用铁卡子或绳索切实卡住或绑牢并加设支撑。人字梯须有限制开度的拉链和坚固的铰链。

（4）人在梯子上时不移动梯子，不能在梯子上上下抛递工器具、材料。靠在管子、导线上使用梯子时，其上端需用挂钩挂住或用绳索绑牢。

（5）在通道上使用梯子时，设监护人或设置临时围栏。梯子不能放在门前使用，必要时采取防止门突然开启的措施。搬运梯子时与带电设备保持安全距离，两人搬运并放倒。

9. 高处作业材料的传递、摆放主要有哪些注意事项？

答：（1）高处作业应使用工具袋。

（2）上下传递材料、工器具应使用绳索。

（3）邻近带电线路作业，使用绝缘绳索传递，较大的工具用绳拴在牢固的构件上，放置在牢靠的地方或用铁丝扣牢并有防止坠落

的措施，不随便乱放。

10. 使用高空作业车、带电作业车等有哪些注意事项?

答：使用高空作业车、带电作业车、叉车、高处作业平台等进行高处作业时，高处作业平台应处于稳定状态，作业人员使用安全带。移动车辆时，将平台收回，作业平台上不得载人。高空作业车（带斗臂）使用前在预定位置空斗试操作一次。

11. 高处作业区周围的孔洞、沟道主要有哪些注意事项?

答：高处作业区周围的孔洞、沟道等设盖板、安全网或遮栏（围栏），并有固定其位置的措施，同时设置安全标志，夜间设红灯示警。

12. 使用脚手架主要有哪些注意事项?

答：（1）脚手架经验收合格后使用，脚手架使用前应固定好，上下脚手架走斜道或梯子，作业人员不得沿脚手杆或栏杆等攀爬脚手架，可从脚手架的内部爬梯进入平台，或从搭建梯子的梯阶爬入。

（2）在没有脚手架或在没有栏杆的脚手架上工作，高度超过1.5m时，使用安全带，或采取其他可靠的安全措施。

（3）当平台上有人和物品时，不要移动或调整脚手架。在脚手架上不能使用产生较强冲击力的工具，也不能在大风中、软地面上使用。所有操作人员在搭建、拆卸和使用脚手架时，必须戴安全帽。

第六章 分布式电源

1. 分布式电源是什么?

答: 分布式电源是指将发电系统以小规模（发电功率为数千瓦至 50MW 小型模块式）、分散式的方式布置在用户的附近，可独立输出电能的系统。这些电源由电力部门、电力用户或第三方所有，利用可再生能源发电，规模不大且分布在负荷附近，并且能满足一些特殊用户的需求，支持已有配电网的经济运行，是一种未经规划或非中心调度控制的电力生产方式，利用效率较高。分布式电源一般采取与配电系统并联运行或采用独立小电网的运行方式，并非一种全新的发电形式，包括太阳能、天然气、生物质能、风能、地热能、海洋能、资源综合利用发电（含煤矿瓦斯发电）等。主要优点有节能效果好、环境污染少、可靠性高，能有效改善供电质量、建设周期短、投资相对小、风险也较少。

2. 10kV 及以下接入分布式电源按接入电网形式主要分为哪几类?

答: 10kV 及以下接入分布式电源按接入电网形式分为逆变器和旋转电机两类。逆变器类型分布式电源经逆变器接入电网，主要包括光伏、全功率逆变器并网风机等；旋转电机类型分布式电源分为同步电机和感应电机两类，同步电机类型分布式电源主要包括天然气三联供、生物质发电等，感应电机类型分布式电源主要包括直接并网的感应式风机等。

3. 电网管理单位与分布式电源用户签订的并网协议中，在安全方面需重点明确哪些内容?

答: 分布式电源在接入前，与电网管理单位签订并网协议和购售电合同，并通过协议与用户明确双方安全责任和义务。在安全方面协议中明确以下内容：并网点开断设备的操作方式，检修时的安全措施，包括双方相互配合做好电网停电检修的隔离、接地、加锁或悬挂标识牌等安全措施，并明确并网点安全隔离方案，由电网管理单位断开的并网点开断设备，仍由电网管理单位恢复。

4. 对接入配电网的分布式电源有何要求？

答： 分布式电源接入运行前通过型式试验、例行试验和现场试验。接入高压配电网的分布式电源，并网点安装易操作、可闭锁、具有明显断开点，可开断故障电流的开断设备，能够就地或远方开断，并对接入分布式电源的配电线路载流量、变压器容量进行校核。中性点接地方式与接入配电网的接地方式相适应，用户进线开关、并网点开断设备有名称并报电网管理单位备案。接有分布式电源的10kV配电台区，不得与其他台区建立低压联络（配电站、箱式变低压母线间联络除外）。接入低压配电网的分布式电源，并网点安装易操作、可闭锁、具有明显开断指示、具备开断故障电流能力的开断设备。装设于配电变压器低压母线处的反孤岛装置与低压总开关、母线联络开关具备操作闭锁功能。

5. 分布式电源接入电网的高压配电线路、设备上停电工作主要有哪些注意事项？

答： 在有分布式电源接入电网的高压配电线路、设备上停电工作时，由电网管理单位操作的设备，告知分布式电源用户具体停送电时间，同时组织相关人员进行现场勘查，填写工作票。停电时断开分布式电源并网点的断路器、隔离拉开关或熔断器，将停电操作的断路器（或隔离开关）操作把手锁住并悬挂“禁止合闸，线路有人工作！”标示牌，在电网与分布式电源用户停电隔离点的空气开关电网侧、用户侧各装设一组接地线。

以空气开关等无明显断开点的设备作为停送电隔离点时采取加锁、悬挂“禁止合闸，线路有人工作”的标示牌等措施防止误送电。

6. 接入分布式电源继电保护和自动化主要有哪些注意事项？

答：分布式电源继电保护和安全自动装置配置符合相关继电保护技术规程、运行规程和反事故措施的规定，装置定值与电网继电保护和安全自动装置配合整定，防止发生继电保护和安全自动装置误动、拒动，确保人身、设备和电网安全。

配电自动化系统故障自动隔离功能适应分布式电源接入，确保故障定位准确，隔离策略正确。

7. 旋转电机类型分布式电源接入 10kV 配电网主要有哪些注意事项？

答：（1）分布式电源接入系统前，对系统侧母线、线路、开关等进行短路电流、热稳定校核。

（2）分布式电源采用专线方式接入时，专线线路可不设或停用重合闸。

（3）分布式电源并网点安装易操作、可闭锁、具有明显开断点、带接地功能、可开断故障电流的断路器。

（4）同步电机类型分布式电源，并网点开关配置低周、电压保护装置，具备故障解列及检同期合闸功能。

（5）感应电机类型分布式电源，并网点开关配置高/低压保护装置，具备电压保护跳闸及检有压合闸功能。

（6）感应电机类型分布式电源与公共电网连接处（如用户进线开关）功率因数在超前 0.98 至滞后 0.98 之间。

（7）相邻线路故障可能引起同步电机类型分布式电源并网点开关误动时，并网点开关加装电流方向保护。

（8）公共电网线路投入自动重合闸时，宜增加重合闸检无压功能，条件不具备时，校核重合闸时间是否与分布式电源并、离网控制时间配合。

8. 旋转电机类型分布式电源接入 220/380V 主要有哪些注意事项？

答：（1）分布式电源接入前，对接入的母线、线路、开关等进行短路电流、热稳定校核。

（2）并网点安装易操作，具有明显开断指示、具备开断故障电流能力的断路器。

（3）分布式电源接入容量超过本台区配电变压器额定容量25%时，配电变压器低压侧刀熔总开关改造为低压总开关，并在配电变压器低压母线处装设反孤岛装置；低压总开关与反孤岛装置间具备操作闭锁功能，母线间有联络时，联络开关也与反孤岛装置间具备操作闭锁功能。

（4）同步电机类型分布式电源，并网点开关配置低周、低压保护装置，具备故障解列及检同期合闸功能。

（5）感应电机类型分布式电源，并网点开关配置高/低压保护装置，具备电压保护跳闸及检有压合闸功能。

（6）感应电机类型分布式电源与公共电网连接处（如用户进线开关）功率因数在超前 0.98 至滞后 0.98 之间。

9. 接入 10kV 配电网的分布式电源运行维护主要有哪些注意事项？

答：调度运行管理按照电源性质实行，系统侧设备消缺、检修优先采用不停电作业方式，系统侧设备停电检修工作结束后，分布式电源用户按次序逐一并网。

10. 接入 220/380V 配电网的分布式电源运行维护主要有哪些注意事项？

答：系统侧设备消缺、检修优先采用不停电作业方式，系统侧设备停电消缺、检修，按照供电服务相关规定，提前通知分布式电源用户。

11. 接入 10kV 电压等级的分布式电源并网信息有哪些是需要收集的？

答：接入 10kV 电压等级的分布式电源（除 10kV 接入的分布式光伏发电、风电、海洋能发电项目）能够实时采集并网运行信息，主要包括并网点开关状态、并网点电压和电流、分布式电源输送有功、无功功率、发电量等，并上传至相关电网调度部门。配置遥控装置的分布式电源，能接收、执行调度端远方控制解/并列、起停和发电功率的指令。接入220/380V电压等级的分布式电源，或10kV接入的分布式光伏发电、风电、海洋能发电项目，目前只需上传电流、电压和发电量信息，条件具备时，预留上传并网点开关状态能力。